国家自然科学基金资助项目(50878044)

东南大学科技专著出版基金资助项目

东南大学城市与建筑遗产保护教育部重点实验室资助项目

空间信息技术在城镇体系规划中的应用研究

胡明星　李　建　编著

东南大学出版社·南京

前　言

　　城镇体系规划的目的是在区域空间整体优化利用的基础上,有效地组织城镇发展空间,发挥规划在地域空间内的调控作用,协调好城镇、经济、社会发展及各项建设之间的关系。它既是区域规划和城市总体规划的核心内容之一,也是协调国土规划、区域规划和城市总体规划的中间环节。因此在城镇体系规划研究中引入新的理论和方法,以先进空间信息技术对拓宽规划编制的手段和思路有着极其重要的意义,GIS 和 RS 的应用为城镇体系规划在技术上的创新带来新契机,同时,也使新的理论和方法应用到城镇体系的规划中,提供了技术支撑平台;使城镇体系规划从实地调查、资料搜集和处理、模拟分析与规划到监督实施全过程的工作效率与质量大大提高,因此,利用 GIS、RS 等空间信息技术手段完善城镇体系规划已经是必然选择。

　　在城镇体系规划中涉及海量的数据,而对这些海量数据的处理和分析直接影响编制规划成果的质量,传统的定性方法难以完成,而 GIS 空间数据库的支持,GIS 强大空间分析功能与相关理论和方法的数学模型耦合,不仅能够为城镇体系规划提供完善和丰富的海量数据管理、查询和分析功能,而且能够为城镇体系规划提供辅助决策能力。

　　在对研究区进行现状土地利用分析基础上,基于景观生态学的理论,研究各景观的斑块具体指标,并进行定量的评价;应用景观生态格局的理论,判别和规划景观生态安全格局,在景观中划分生态保护缓冲区,建立廊道和保护斑块等,从而实现生态保护的功能,为生态规划和绿地系统的规划提供技术支撑。

　　空间数据库是 GIS 的核心,GIS 技术应用于城镇体系规划中,必须建立相应的空间数据库,为规划和决策提供数据的支撑。由于城镇体系规划是对辖区内影响城镇发展的许多问题,包括人口、资源、自然条件、基础设施、社会经济、生态环境等诸多方面进行合理规划,因而,GIS 数据库系统所能提供信息应以满足城镇体系规划之目的为原则。在建立城镇体系规划 GIS 空间数据库内容时,其数据库内容应包括基础地理数据库、基础设施数据、社会经济数据、环境数据库等内容,在对现状数据库中的数据进行处理、分析,生成城镇体系规划中各种专题分析和评价,如城镇体系规划中城镇发展条件的综合分析评价和中心镇的选择、城镇体系等级规模结构的确定、评价城镇间职能类型强度、城镇的空间分布类型研究并划分空间组合聚集区。

城镇体系空间结构是其社会与经济活动区位选择的必然结果,受区域经济空间自相关的影响,城镇化的空间集聚也存在空间自相关。空间统计分析与GIS的有效集成,可以为确定、量化经济区域内的空间经济关联的性质和强度提供一个交互式的分析工具,结合分区,可以认识内在的局部空间经济关联模式,应用空间统计的全局指标分析区域城镇化水平空间集聚特征,局部指标分析区域城镇化水平局部关系特征,为区域城镇体系空间分析提供可视化决策支持。

城镇体系是非线性的复杂系统,但在城镇体系研究中应用非线性方法还处于起步阶段,而分形理论在非线性复杂系统研究中具有显著优势。因此,城镇体系研究,在传统概率统计学方法的基础上,与非线性科学方法相结合,更符合城镇体系研究的科学性。将分形理论应用于城镇体系研究中,计算城镇规模的分形维数、空间结构的聚集维数和关联维数,分析其分形结构特征,并在此基础上提出相应的规划建议与发展对策。

本书应用空间信息技术,基于GIS技术平台,在城镇体系研究中引入景观生态学理论、城镇体系组织结构、空间统计学以及分形理论,对城镇体系的空间结构、规模等级和空间聚集从不同的理论角度进行深入的研究,拓展新的理论和方法在城镇体系的深入应用。研究成果不仅有理论价值,而且其基于GIS技术的实证案例研究,对具体应用这些新的理论和方法在城镇体系研究中具有重要的实践指导意义,有着重要的实用价值和广阔的应用前景。本书的出版将使规划界对基于空间信息技术新的理论和方法在城镇体系规划中的应用引起兴趣,从而促进城镇体系规划中的理论研究的深度及空间信息技术的推广应用。在研究过程中,课题得到国家自然科学基金项目(50878044)资助。

课题研究中得到江阴主体功能区规划工作组熊国平、王海卉、吴晓和其他成员的帮助,在数据资料的收集过程中得到江阴市规划局等当地主管部门的大力支持,为本书研究提供弥足珍贵的基础数据资料,在此表示由衷的感谢!

东南大学科技专著出版基金为本书提供出版资助,东南大学出版社编辑同志在本书的出版过程中做了大量工作,在此表示谢意!

由于本书涉及较多理论和方法,限于笔者的学识水平,书中谬误之处在所难免,敬请各位读者予以批评指正。

胡明星
2009 年 6 月

目　录

1 绪 论

1.1 城镇体系与城镇体系规划的相关概念

1.1.1 城镇体系的概念

城镇体系(urban system)作为一个科学概念,最早出现于 20 世纪 60 年代中期,起源于城市地理学和一般系统论的结合。"体系"(system)一词韦伯斯特大辞典(*Webster's Dictionary*)的解释为"有组织和被组织化的全体","以规则的相互作用又相互依存的形式结合对象的集合"。因此,城镇体系重点在于拥有一个内在的系统,从而有别于城镇群(urban groups)的概念。目前我国对城镇体系的概念表述是"在一定范围内,以中心城市为核心,由一系列不同等级规模、不同职能分工,但相互密切联系的城镇组成的有机整体"[1~3]。这个概念有以下 4 层含义[2]:

(1) 城镇体系是以一个相对完整区域内的城镇群体为研究对象,不同的区域有着不同的城镇体系。城镇体系只能是区域内的城镇体系,而不能把一座城市当作一个区域系统来研究。

(2) 城镇体系的核心是中心城市,没有一个具有一定经济社会影响力的中心城市,不可能形成具有现代意义的城镇体系。

(3) 城镇体系是由一定数量的城镇组成的。

(4) 城镇体系最本质的特点是相互联系,通过不同区位、等级、规模、职能,城镇之间形成纵向和横向的各种联系,从而构成一个有机整体。仅仅在一定区域空间内分布着大小不等却缺乏相互联系的城镇,这只是一种商品经济不发达时期城镇群体的空间形态,而不是有机整体。

综上所述,城镇体系应包括两个或两个以上的城镇,体系内的各城镇之间、城镇与体系之间,体系与子体系之间按一定的结构组合而相互联系,城镇体系与外界也存在着交流,并且城镇体系一直处于动态变化的状态。因此,城镇体系以区域为依托,具有群体性、等级层次性、内部关联性、对外开放性、整体性、动态性等特征[1~3]。

1.1.2 城镇体系规划的概念

城镇体系规划是在一个地域范围内,合理组织城镇体系内各城镇之间、城镇与其所属体系之间以及与体系外部环境之间的各种经济、社会等方面的相互联系,运用现代系统理论与方法研究体系的整体效益的城市规划[1],它是我国的法定规划[4],也被认为是具有中国特色的城市规划制度框架下的核心内容之一,是符合当前中国国情的一种区域规划[1]。目前我国已经形成了由区域国土规划、城镇体系规划、城市总体规划、城市分区规划和城市详细规划等组成的空间规划系列[2],其中城镇体系规划以城镇体系为研究对象,目的在于作为协调区域国土规划与城市总体规划的中间环节以解决如城市性质拟定、城市规模预测、区域城镇空间结构、城市经济区划分以及城镇化发展战略等宏观层次性问题,统筹城镇与乡村的协调发展,明确城镇职能分工,引导各类城镇的合理布局和协调发展,同时统筹安排布局区域基础设施,避免重复建设,及限制不符合区域整体利益和长远利益的开发活动,保护资源和环境。

城镇体系规划的类型按照研究区域的尺度大小一般可以分为 5 类[3]:

(1) 全国城镇体系规划,范围包括全国。

(2) 跨省域城镇体系规划,范围是跨越省际(自治区、直辖市)的区域。

(3) 省域城镇体系规划,范围包括全省(自治区、直辖市)。

(4) 市域城镇体系规划,范围包括全地级市。

(5) 县域城镇体系规划,范围包括全县(县级市)。县域是城镇体系规划研究的最小尺度,是最基本的城镇体系规划。

当前,我国的城镇体系规划已经基本形成了一个由申请、编制、审批、实施等环节组成的较为完善的体系。城镇体系规划的编制内容一般包括[5]:

(1) 综合评价区域与城市的发展和开发建设条件;

(2) 预测区域人口增长,确定城市化目标;

(3) 确定本区域的城镇发展战略,划分城市经济区;

(4) 提出城镇体系的功能结构和城镇分工;

(5) 确定城镇体系的等级和规模结构;

(6) 确定城镇体系的空间布局;

(7) 统筹安排区域基础设施、社会设施;

(8) 确定保护区域生态环境、自然和人文景观以及历史文化遗产的原则和措施;

(9) 确定各时期重点发展的城镇,提出近期重点发展城镇的规划建议;

（10）提出实施规划的政策和措施。

同时，城镇体系规划可以结合当地实际情况，在内容上进行一定程度的拓展和创新，以不断丰富和完善城镇体系规划的内容。

1.2 城镇体系的研究现状及其进展

1.2.1 国外城镇体系研究进展

对于城镇体系的研究是在 19 世纪末兴起的，大致经历了兴起阶段（19 世纪末～二战前）——发展阶段（二战后～20 世纪 60 年代）——高潮阶段（20 世纪 70 年代）——稳定阶段（20 世纪 80 年代）——新时期研究（20 世纪 90 年代以后）等 5 个阶段[1]。各时期的研究重点、理论依据与成果都不尽相同，但动机都源于当时背景下的城市问题或城市发展趋势的变化。

20 世纪 80 年代，西方发达国家城市发展基本进入稳定时期，国际上普遍认为城镇体系的研究已经到了顶峰，难以突破，城镇体系的研究开始减少。然而随着经济全球化和后工业化时代的到来，对城镇体系的发展产生了重大影响。这一时期的城镇体系研究工作较以往开始发生转变，涌现了一系列新的城镇体系规划理论与观点，其代表观点和成果主要有[1]：

（1）城镇体系研究从空间结构演化转向对自然资源最大限度集约利用研究；

（2）城镇体系研究的范围从一个地区、一个国家转向跨区域、跨国家乃至全球视野；

（3）从全球经济一体化、信息技术网络化、跨国公司等级体系化等研究视角，探讨其对全球城市体系的组织结构以及可能的影响；

（4）在发展中国家，由于首位城市的持续增长，导致了大城市、超大城市和巨型城市的形成，同时伴随着城市病的发生，这类问题成为研究的热点。

1.2.2 国内城镇体系研究进展

我国的城镇体系研究起步较晚，始于 20 世纪 80 年代，可以分为城镇体系理论研究和城镇体系实证研究两个部分。

在理论研究方面，顾朝林将城镇体系地域组织结构归纳为地域空间结构、等级规模结构、职能类型结构和网络系统四个方面[6]，许学强、宋家泰、顾朝林等就城镇体系规划理论/内容与方法进行了研究[7,8]，杨吾扬对城市体系科学定义、城市体系的"级别—数目—规模"对应模式进行了理论推导和实验验证[9]。此后,研究内容更为广泛,研究理论和角度趋于多样,如虞蔚等学者从分析城市之间、城市与区域之间的主要经济联系方向、信息流的联系强度等角度出发研究了区域城镇之间的联系[10],陈涛等学者引入分形理论,开展了对城镇体系的等级规模与空间结构等分形特征的研究[11]。到了90年代后期,随着经济全球化和国内经济市场化的发展,国内学者开始关注经济全球化与信息化对城市群空间的影响以及世界城市体系对中国城市发展的影响,尝试探讨新时期的城镇体系规划理论和方法,不再仅仅停留在对城镇体系"三结构一网络"的一般分析,而是进一步应用全球化的视野进行城镇体系动态演变、合理模式、结构调整和科学预测的研究[1]。

实证研究最早可以追溯到20世纪80年代初,中国科学院的一些地理研究机构和部分大学地理系先后承担了辽中南、京津唐、湘东和长春地区的城镇体系研究。此后近30年中,中国城市地理学者对不同等级行政区域、流域、经济区域的城镇体系进行了实证研究,取得了大量成果。90年代后期,可持续发展的城镇体系研究开始得到重视,国内众多学者围绕长三角、珠三角、京津唐、辽中南、长株潭等大城市群地区开展可持续发展的实证研究,如胡序威主持的国家自然基金重点课题"沿海城镇密集地区经济、人口集聚与扩散的机制和调控研究",1996年广东省的《珠江三角洲经济区城市群规划》首次将"大都市区"的概念引入城市群的规划中,开创了城镇体系跨境空间协调规划的新理念。这一时期,GIS和遥感等新技术开始应用于城镇体系规划的编制及管理中,陈易根据城镇体系规划编制的基本内容和任务,着重分析了城镇体系规划信息系统的基本构成,并对其数据库、功能模块设计等进行较深入的探讨[12],符小洪以福建闽侯县县域城镇体系规划为例探讨了GIS在城镇体系规划中的设计与应用方法[13],刘桂禄基于GIS技术研究兰州市与其周边县区的空间位置关系,提出了兰州城镇体系建设的构想[14],一些较为发达的城市将GIS应用于城市规划管理中,但整体上GIS应用目前仍处于起步阶段,应用还有待推广和深化。

1.2.3 相关理论与方法在城市规划中的研究进展

1) GIS在城市规划中的研究进展

地理信息系统(Geographic Information System,简称GIS)是集地图学、测绘学、遥感学、环境学、空间科学、信息科学、管理科学及计算机科学为一体,用于分析和管理海量地理数据的一种重要技术[15]。国外对GIS的研究始于20世纪60年代,时至今日已经发展到一个比较发达的阶段,应用十分广泛,如在美国,GIS已被广泛应用到政府的各项职能中,1997年应用GIS

的城市与地区比例达到了 87%[16]。目前国外研究偏重于规划布局预测，政策影响分析、资源分布状况等专题研究，以及专业领域模型与 GIS 的耦合应用于规划分析与模拟预测。

GIS 在国内的应用始于 20 世纪 80 年代中期，到 90 年代开始成为研究热点，目前 GIS 在城市规划中的应用主要包括以下主要方面的内容[12,17,18]：

（1）基于多因子综合评价的用地适建性分析，这是 GIS 的传统应用，相关成果较多。

（2）应用 GIS 的数据管理、空间分析、叠加分析以及专题制图等功能，为城市规划编制提供技术支持。

（3）可持续发展研究。可持续发展是新时期下城市规划的重要议题，不少学者都尝试结合 GIS 技术的可持续发展研究方法。如宋振宇、刘永清定义了基于 GIS 的城镇可持续发展决策支持系统的结构和实现环境，探讨城镇可持续发展决策支持的关键技术[19]；常勇利用 GIS 技术，分析济南地区若干可持续发展要素的空间聚集性和重心点，提出可持续发展对策[20]；廖志、刘岳提出可持续发展水平指数（SDI）的概念，并应用 GIS 技术评价了中国各省可持续发展水平的空间分布特征[21]；邱云峰等建立可持续发展多因子评价模型，应用 GIS 技术获得可持续发展指数评价中国沿海省份可持续发展能力[22]。

（4）道路交通及市政设施规划。这类研究关注城市规划的微观层面，主要利用 GIS 的缓冲区分析和网络分析功能，研究交通可达性和基础设施的布点问题。

（5）城市景观生态规划。GIS 与生态学相结合，评价生态环境现状，对环境影响进行模拟和预测，为城市生态保护和建设提供科学指导。

（6）规划成果表现。将 GIS 技术与虚拟现实（VR）技术结合，以期更好地表现规划成果。

（7）规划管理中的应用。建立基于 GIS 的规划管理信息系统，应用于城市的规划管理。

2）景观生态学在城市规划中的研究进展

虽然对景观生态学的研究已有相当长的一段时间，但景观生态学视角的城市规划相关研究还处于发展的初级阶段。大量的研究与工作实践都表明，由于城市发展而引发的许多生态环境问题都与不合理的城市景观生态格局有关，而景观生态学研究的核心主题包括人类活动影响下的城市景观格局，能为全面把握城市生态过程和机制、建设城市生态环境、提出城市规划的生态理论等实践问题提供新的思路和技术途径。目前国际上研究的重点是确定与城市研究有关的景观生态概念与原理,寻求能够有效模拟城市化空间格局与过程的新型方法和技术,主要围绕城市化格局、过程、生态机制以及城市景观规划等内容,其中定量方法和模型研究尤为热点。

国内学者对景观生态学的早期研究主要集中于对景观的结构、功能、动态研究上,90年代末开始关注景观生态学在城市规划设计中的应用研究,应用层面包括城市景观规划、旅游区规划、城市生态建设规划等。肖笃宁,赵羿等首次将景观生态分析方法引入我国城郊景观研究[23],杨士弘、管东生、宗跃光、李团胜陆续对城市的景观格局进行了探讨[24],俞孔坚等基于景观生态安全格局原理提出了构建地区生态安全格局的方法,对城市空间拓展具有一定的指导意义[25,26],肖笃宁、高峻等提出城市景观生态学理论,其中包括城市空间结构、城市生态过程、城市景观风貌、城市生态建设和城市景观规划方面的内容[27],苏伟忠等基于景观生态学对城市空间结构的研究理论、研究方法、动力机制和空间优化进行探析[28]。目前,城市景观格局、景观动态机制和应对城市化过程的生态问题是国内景观生态学在城市规划中的研究热点[29]。

3)空间统计学在城市规划中的研究进展

空间统计学是20世纪70年代兴起的一门统计学分支学科,被地理学家、气候学家、人类学家、经济学家广泛使用。从研究方法上看,国内外研究的共同点都是应用空间自相关分析探索社会、经济现象的空间模式和异常分布。Emily Talen应用ESDA(Exploratory Spatial Data Analysis,探索性空间数据分析)方法对比性研究美国的梅肯市和普韦布洛市的公园在空间分布上的社会公平性[30],Itzhak Omer应用空间自相关方法研究以色列的特拉维夫市公园空间可达性公平性分析[31],Karen E.等人研究加拿大的埃德蒙顿市操场可达性和公平性[32];国内朱传耿等用该方法分析中国流动人口空间分布的差异性[33],陈斐等分析新疆维吾尔自治区各县、市经济增长和聚集情况[34],刘峰等分析甘肃省天水市的人口空间分布模式[35],宋洁华分析海南省区域经济的空间分布模式[36],葛莹等研究江苏省城市化和地方化集聚经济的地理格局[37],肖根如等研究江西省各县域经济的空间分布格局与规律[38],梁艳平等研究城市人口的空间分布结构特征[39]。从目前国内外的研究成果来看,国内的学者将空间自相关方法主要应用于人口和经济在空间分布格局的研究,国外的学者在应用空间自相关方法于基础设施的公平性研究方面有一定的成果。

4)分形理论在城市规划中的研究进展

分形理论是产生于20世纪70年代的一门非线性学科理论,目前应用广泛,与许多学科都有交叉研究。分形理论在城市规划中主要用于发现具有分形特征的城市地理要素,并以此判断聚集程度、关联程度以及合理性等问题。在国外,分形理论的创始人曼德尔布罗特(B. B. Mandelbrot)就注意到城市规模—位序的分形特征问题,阿伶豪斯(S. Arlinghaus)等论证中心地等级体系的分形集性质[40],贝蒂(M. Batty)等通过研究城市边界的变迁发现城市的边界是分形曲线,城市形成具有 DLA(Diffusion Limited-Aggregation,受限扩散凝聚)模型的某些性质[41]。

在国内,李后强等发现城市和市场网络具有五边形特征,并且表现出黄金分割和分形性质[42],陈勇、陈嵘研究中国城市规模分布的分形特征和分维变化趋势[43],王益谦等注意到城市人口分布的多重分形特征[44],陈涛、刘继生、陈彦光等将分形理论应用于城镇体系研究中,总结了城镇体系的分形特征原理、空间结构以及等级规模结构,并进行城镇体系分形特征的分析,其成果已有许多实证应用。总体而言,国内外分形理论与规划设计的结合都比较有限,主要是用于找出分形元(具有分形特征的要素),对城市的分形意义不明确,对产生分形特征的内在机制缺乏认识,因此,研究仍在进一步探索之中。

1.3 研究意义和宗旨

1.3.1 研究意义

我国幅员辽阔、城镇众多,2008 年城市化水平已达到 44.9%[45],正处于城市化快速发展阶段,城镇发展的优劣得失将直接影响着国家社会经济发展的好坏,如何发挥这些城镇的中心作用,逐步建设以城市为中心的城镇体系,推动城乡经济增长和社会发展,实现区域均衡发展,一直是我国宏观经济和城镇建设的重要议题。城镇体系规划就是根据区域自然、经济、社会条件、城镇的现状和发展条件,布局区域城镇体系整体,发挥城镇的中心作用,加强城镇之间的联系和协调,促进整个区域城镇经济社会的发展。因此,我国对城镇体系规划的制定尤为重视,城镇体系规划在我国城市规划体系中具有重要地位,主要解决的是城市发展中的宏观背景分析、城市的区域定位、城市的规模定位和城市规模估算以及因城市发展需要的区域基础设施建设等问题。截至 2006 年底,我国绝大部分省份都已完成了省域城镇体系规划的制定[3]。

然而,由于我国城镇体系研究与实践起步较晚,虽然在短时间内取得了

令人瞩目的成果,但在城镇体系研究上仍然存在许多不足,主要表现为[1]:

(1) 从研究水平上看,总体研究水平滞后于西方发达国家;

(2) 从研究学科上看,研究学科主要局限于地理学、规划学,与经济学、社会学、生态学等学科的交叉较少,尚未形成多学科交叉的研究局面;

(3) 从研究方法上看,因主要沿袭传统城镇体系或经济地理学的生产力布局研究方法,且由于城市群基础数据库的缺失,研究方法主要以定性描述为主,定量分析较少;

(4) 从研究技术上看,与 GIS、RS 等新技术结合的研究较少;

(5) 从研究要素上看,主要注重于城镇群体内部组织结构与相互关系的研究,对新的经济、社会、技术因素以及文化、生态因素认识还有限。

随着信息技术的不断发展,以地理信息系统(GIS)和遥感(RS)技术为代表的空间信息技术为城镇体系规划技术创新带来了契机。GIS 是一门介于信息科学、空间科学与地理科学之间的交叉学科,它将地学空间数据处理与计算机技术相结合,通过建立数据库与各种分析模块的操作,产生对资源环境分配、区域空间组织、规划管理决策等多方面的有用信息。

城市规划的编制过程从初始城市调研到最终成果输出都涉及大量的文字记录、图纸等数据的处理,传统数据处理方法主要依靠人工方法以及简单的计算机存储分类管理,往往不能实现数据在空间上的统一和整合,使得空间数据和属性数据一体化,进行多源多比例尺的数据融合。同时,因分类管理数据,导致信息之间无法衔接,庞大的数据仅靠人工处理会带来很大的工作量,也很难提取所需要的有用信息,以上问题都对规划设计过程中调研数据的整理、分析、规划编制产生不利影响,而且规划研究范围越大,情况越复杂,数据量越大,传统规划方法的局限性也越为明显。

相对于传统方法,GIS 具有许多独特的技术优势。这些优势主要体现在以下几个方面:

(1) GIS 能够实现城市各类数据的关联。GIS 具有将空间数据与属性数据统一管理和分析的能力,弥补了传统方法纯图形、纯文字之间缺少互动联系的缺陷。通过 GIS 可以使空间数据的图形表达与属性数据相关联,便于查询和分析。

(2) GIS 强大的数据存储与分析功能。GIS 可以存储海量的多源多比例尺数据,建立规划空间数据库,提供良好的数据维护和更新能力,同时具备查询、叠加、聚类、计算、网络分析、空间分析等多种分析功能,对城市规划的量化研究具有重要意义。

(3) 分析结果的可视化表达能力。GIS 可以将各种分析结果通过图形,甚至动画的形式表达出来,实现可视化的人机交互,有助于规划师对规划方案的模拟、选择、评估,辅助规划决策。

（4）GIS 有助于城市规划过程动态、实时。GIS 由于数据更新的快捷性、空间分析的实时性,为城市规划的动态调整提供了良好的技术支持。借助 GIS 可以对城市规划的实施进行监督反馈,然后对规划方案进行调整,使城市规划实现编制、实施、监测、调整的良性循环。

（5）为相关的理论和方法应用于规划提供技术平台。现实中,由于传统方法主要依靠人工方法的技术局限性,往往出现即便有现成的研究模型与方法,也无法运用于规划研究中的情况,而 GIS 空间数据库中的数据与分析评价结果可作为应用模型的数据输入,采用二次开发的方式,将应用模型内嵌到 GIS 平台,同时,应用模型计算结果存入到 GIS 的属性数据库中,利用 GIS 的强大制图功能,可定位和定量绘制应用模型的计算结果[46]。因此 GIS 可以为规划师提供联系其他学科的平台,实现规划研究的多学科交叉。

总之,在城镇体系研究中充分应用 GIS 技术,能够填补国内城镇体系研究在新技术应用上的空白,提高规划研究的工作效率;基于 GIS 技术平台的支撑,结合有关理论和方法的数学模型和算法,实现多学科的交叉,使研究成果更为科学、精确。

1.3.2 研究宗旨

城镇体系规划包含综合性的内容,与城市学、经济学、社会学、生态学、工程学、系统科学、协同学、物理学、数学等多种学科均有交叉,涉及众多科学理论。我国城镇体系规划研究与西方发达国家相比仍有不小的差距,同时,新时期城镇体系规划的研究日益关注生态问题以及可持续发展的需要。因此,针对我国目前城镇体系规划的多学科交叉研究较少,GIS 等新技术应用有限的现状问题,本书的研究宗旨是在借鉴前人研究成果的基础上,强调城镇体系规划的量化研究,以及基于 GIS 技术平台将相关理论和方法的模型应用于城镇体系规划研究中,总结可以应用于城镇体系规划的理论与方法,从而建立一个在城镇体系规划中相对完整的 GIS 技术方法体系,并且能够将多种新的理论和方法应用于城镇体系规划研究中,在 GIS 技术平台的支撑下,实现城镇体系规划中新的理论和方法的引入,同时,促进 GIS 技术在城市规划工作中的普及,增加 GIS 技术在城市规划方法体系中的覆盖面。

1.4　研究内容

　　城镇体系规划的目的是在区域空间整体优化利用的基础上,有效地组织城镇发展空间,发挥规划在地域空间内的调控作用,协调好城镇发展和经济社会发展及各项建设之间的关系。随着城镇体系规划理论的发展,其规划方法也不断更新。信息技术的不断发展,GIS 和 RS 技术的应用为城镇体系规划在技术上的创新带来新契机,同时,使城镇体系规划从实地调查、资料搜集和处理、模拟分析与规划到监督实施全过程的工作效率与质量大大提高,因此,利用 GIS、RS 技术等现代科技手段完善城镇体系规划已经是必然选择。城镇体系规划涉及海量的数据,信息量比较大,而对这些海量数据的处理和分析直接影响到编制规划成果的质量,传统的定性方法难以完成,而 GIS 空间数据库支持,GIS 的强大空间分析功能与相关的数学模型耦合,不仅能够为城镇体系规划提供完善和丰富的海量数据管理、查询和分析功能,而且能够为城镇体系规划提供辅助决策能力。本书的研究主要包括四部分内容:

　　1) 基于景观生态的市域生态研究

　　对研究区进行现状土地利用分析基础上,基于景观生态学的理论,研究各景观的斑块具体指标,并进行定量的评价;应用景观生态格局的理论,对生态过程潜在表面进行空间分析,判别和规划景观生态安全格局,在景观中划分生态保护缓冲区,建立廊道和保护斑块等,从而实现生态保护的功能,为生态规划和绿地系统的规划提供技术支撑。

　　2) GIS 在城镇体系组织结构规划中的应用

　　空间数据库是 GIS 的核心,GIS 技术应用于城镇体系规划中,必需建立相应的空间数据库,为规划和决策提供数据的支撑。由于城镇体系规划是对辖区内影响城镇发展的许多问题,包括人口、资源、自然条件、基础设施、社会经济、生态环境等诸多方面进行合理规划,因而,GIS 数据库系统所能提供信息应以满足城镇体系规划之目的为原则。在建立城镇体系规划 GIS 空间数据库内容时,其数据库内容应包括基础地理数据库、基础设施数据、社会经济数据、环境数据等内容,在对现状数据库中的数据进行处理、分析,生成城镇体系规划中各种专题分析和评价,如城镇体系规划中城镇发展条件的综合分析评价和中心镇的选择、城镇体系等级规模结构的确定、评价城镇间职能类型强度、城镇的空间分布类型研究并划分空间组合聚集区。

3）基于空间统计学的城镇空间经济关联分析

城镇体系空间结构是其社会与经济活动区位选择的必然结果,受区域经济空间自相关的影响,城镇化的空间集聚也存在空间自相关。空间统计分析与 GIS 的有效集成,可以为确定、量化经济区域内的空间经济关联的性质和强度提供一个交互式的分析工具,结合分区,可以认识内在的局部空间经济关联模式,应用空间统计的全局指标分析区域城镇化水平空间集聚特征,局部指标分析区域城镇化水平局部关系特征,为区域城镇体系空间分析提供可视化决策支持。

4）分形理论在城镇体系规划中的应用

城镇体系是非线性的复杂系统,但在城镇体系研究中应用非线性方法还处于起步阶段,而分形理论在非线性复杂系统研究中具有显著优势。因此,城镇体系研究,若在传统概率统计学方法的基础上,与非线性科学方法相结合,更符合城镇体系研究的科学性。将分形理论应用于城镇体系研究中,计算城镇规模的分形维数、空间结构的聚集维数和关联维数,分析其分形结构特征,并在此基础上提出相应的规划建议与发展对策。

1.5　研究方法

本书的研究方法总体上采用"理论研究—调查研究—实证研究"的方法体系:

理论研究:整合空间信息技术与城镇体系规划所涉及的诸多理论,从中选取对城镇体系规划具有指导作用或关联性的理论和方法加以研究,为后续的调查研究和实证研究提供技术思路和方法上的指导与依据。

调查研究:以江苏省江阴市为研究案例,对江阴市域城镇体系进行现状调研,收集大量的第一手材料,为案例实证研究提供必要的数据支撑。

实证研究:应用空间信息技术,基于 GIS 技术平台,在江阴市域城镇体系研究中引入景观生态学理论、空间统计学理论以及分形理论,对城镇体系的空间结构、规模等级和空间聚集从不同的理论角度进行深入的研究,拓展新的理论和方法在城镇体系中的深入应用,从而总结城镇体系规划研究的GIS 技术方法体系。

1.6　研究技术框架

本书在 GIS 技术平台的支撑下,应用景观生态学、城镇体系组织结构、空间统计学以及分形理论等理论和方法于江阴市域城镇体系规划的实证研究中,由于理论依据的不同,每个部分都可视为相对独立的章节,但同时四部分的研究都是基于城镇体系规划的 GIS 空间数据库的基础上进行,从不同的角度研究城镇体系的特点,统一于城镇体系规划的编制内容,因此又共同构成一个有机整体(图 1-1)。

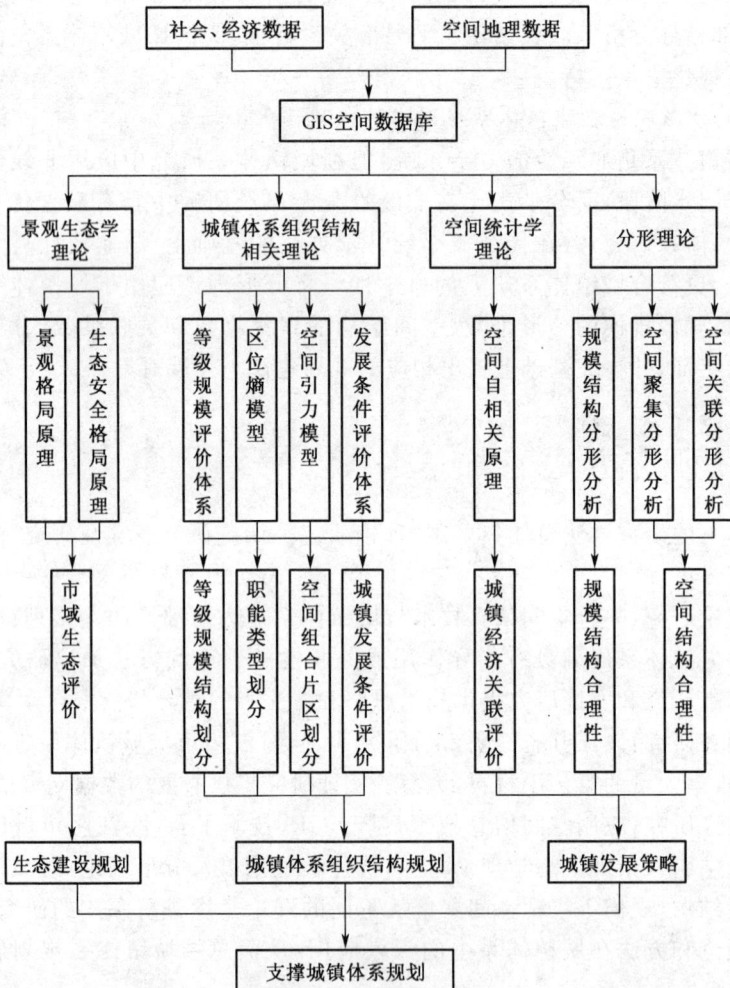

图 1-1　技术框架图

2 江阴概况

2.1 地理位置

江阴市位于北纬 31°40′34″至 31°57′36″，东经 119°59′至 120°34′30″，坐落在我国华东地区江苏省无锡市境内，地处苏锡常"金三角"几何中心，交通便捷，历来为大江南北的重要交通枢纽和江海联运、江河换装的天然良港。江阴市总面积 987.5 km²，陆地面积 811.7 km²，水域面积 175.8 km²，其中长江水面 56.7 km²[47]。沿江深水岸线长达 35 km。城市建成区面积 51.52 km²，本书研究范围是不包括长江水面的市域范围，约 930 km²（图 2-1，见彩图）。

2.2 行政区划与人口

2007 年，江阴市市辖 16 个建制镇，249 个行政村，其中建制镇包括璜土镇、利港镇、申港镇、夏港镇、澄江镇、月城镇、青阳镇、霞客镇、南闸镇、云亭

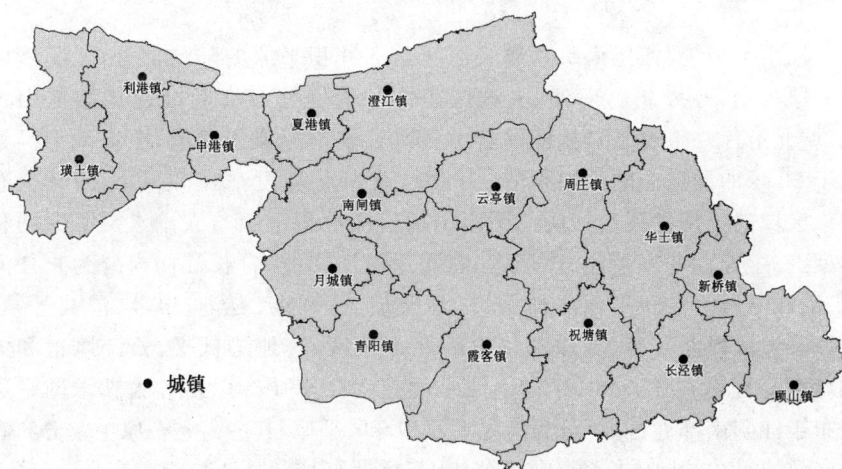

图 2-2 江阴行政区划图

镇、华士镇、周庄镇、新桥镇、长泾镇、顾山镇、祝塘镇,澄江镇是江阴市城关镇,为市政府所在地。2007 年,全市户籍总人口 119.77 万人,登记外来人口70 余万人,少数民族常住人口 3 084 人,涉及 31 个民族。

2.3　经济概况

江阴市是我国经济较为发达的城市之一。2007 年,江阴市实现地区生产总值 1 190.56 亿元,全市户籍人口人均地区生产总值 99 537 元,按当年汇率折算达 13 627 美元。第一、第二、第三产业增加值在地区生产总值的构成比例为 1.54∶62.96∶35.5,其中农林牧渔业总产值 35.34 亿元,全市高效农业面积 1.71 万公顷,农业规模化经营比例为 65.8%;工业总产值 3 724.4亿元,规模工业企业完成现价工业总产值 3 291.8 亿元,民营经济实现工业总产值 2 506.52 亿元。全年累计完成全社会固定资产投资额 372.15 亿元,进出口总额 110.23 亿美元,旅游总收入 77.11 亿元,财政收入 190.53 亿元,占地区生产总值的比重为 16%,城镇职工年平均工资 32 805 元,城镇居民人均可支配收入 21 013 元,农民人均纯收入 10 641 元,城乡居民人均储蓄存款余额 29 504 元,城镇居民家庭恩格尔系数为 33.25%,农村居民家庭恩格尔系数为 38.1%,城镇居民人均住房面积 33.2 平方米,农村居民人均住房面积 66.8 平方米。年末,在第七届全国县域经济基本竞争力评价中名列第一。

2.4　地形地貌

江阴市地处"江尾海头",属长江三角洲冲积平原的陆屿部分,江阴境内以平原为主,地势北高南低,主城区东面和南面分布有断续起伏的低山丘陵,城北沿江一带有基岩构成的君山、黄山、定山等孤山突起,全市地形高程低于 20 米的地区占陆地面积的 97.2%,近 95% 坡度都在 5° 以下,总体上有利于区域的经济发展。江阴的平原包括长江冲积平原与太湖水网平原两种类型,其中长江冲积平原分布于江阴北部沿江一线,自长江向内分为长江滩地、沿江下滩圩区和沿江上滩平原,涉及璜土、利港、夏港、申港、澄江等镇、城东开发区以及云亭、周庄和华士的北部地区,其地势低平,长江滩地和下滩圩区高程都在 4.5 m 以下,上滩平原高程在 5.0 m 以上。太湖水网平原分布于江阴南部地区,可分为高亢平原和圩区平原,其中高亢平原主要分布在东南部的霞客、祝塘、长泾、周庄、华士、新桥、顾山等镇,地势相对较高;圩区平原主要分布在西南部的月城、青阳、南闸、霞客等镇,地势低洼,高程在 4.8 m

以下。江阴的低山丘陵主要分布在市域东北部及中部的要塞——云亭、华士、周庄、南闸等地，山丘断续起伏，彼此孤立于平原、圩区之间，互不相连。

2.5 地力特征

江阴市土壤可分为3个土类，7个亚类，11个土属。其中水稻土类土壤广泛分布于全市范围内，占土壤资源总面积的92.5％，潮土类土壤分布于江阴北部地区，占土壤资源总面积的4.4％，黄棕壤类土壤主要分布于江阴低山丘陵地带，占土壤资源总面积的3.1％。江阴现有耕地面积72.5万亩，按照地力等级划分指标，耕地地力可以划分为五个等级：一级地有3万亩，占耕地总面积的4.14％，主要分布在霞客、长泾、顾山、青阳等镇。成土母质以湖相冲积物、沉积物为主，耕层质地中壤至重壤。此类土非常适合稻麦生长。二级地有15.6万亩，占耕地面积的21.53％，主要分布于青阳、霞客、长泾、顾山、祝塘、月城、云亭、南闸、新桥、澄江等镇。成土母质以河湖相冲积物、沉积物为主，耕层质地重壤至中壤。此类土耕性较好，适合稻麦生长。三级地有25.4万亩，占全市耕地面积的35.05％，全市各镇都有此类耕地，以祝塘、周庄、澄江、华士、霞客、云亭、南闸、月城、青阳、长泾、顾山、新桥等镇比例较多。成土母质为河湖相冲积物、沉积物，耕层质地中壤至重壤。此类土适耕性尚可，保肥性能差，雨季易滞水，以稻麦种植为主。四级地有25.3万亩，占耕地总面积的34.84％，主要分布在利港、璜土、申港、霞客、华士、周庄、澄江、夏港、南闸、青阳、云亭、新桥、月城等镇。成土母质为河湖相沉积物和长江冲积物为主，土壤质地为粉沙至重粘的轻壤至重壤。此类土适耕性较差。五级地3.2万亩，占耕地总面积的4.44％，主要分布在璜土、霞客、周庄、利港、申港、华士、夏港等镇。成土母质为长江冲积物和湖相沉积物。此类土适耕性差。全市土壤中有三分之二为重壤，耕层厚度在10～15 cm之间占94％，总体上适合农业生产的持续发展（图2-3，见彩图）。

2.6 气候水文

江阴地处北亚热带季风气候区，又邻近长江下游入海口处，属海洋性气候。具有四季分明，季风显著，温和湿润，梅雨集中，降水季节性强，时空分布不均等特点。江阴市北临长江，南邻太湖，在长江流域属太湖水系，境内地表水系十分发达，河流纵横，水网密布，尽管江阴水资源十分丰富，但是随着江阴各行业的极大发展，给水资源带来了很大压力。90年代时期，由于地下水资源的过度开采,在江阴南部地区加剧了地面沉降,给全市的防洪、交通、水利等基础设施构成潜在威胁,直接危及防洪安全。同时,工农业的生产发展和人类活动的增加对全市地表水质都造成了不通程度的污染(图2-4,图2-5,见彩图)。

2.7 矿产资源特点

江阴地区矿产资源贫乏,主要有砂岩、泥炭、煤、黏土、天然气、地下水、地热等,其中仅砂岩可供开采利用,其遍布江阴境内所有山丘,类型为泥盆系砂岩和石英砂岩,部分砂岩二氧化硅含量很高,可作为玻璃用砂,其余砂石可作为建筑石料。历史上,江阴的采石业十分发达,对城乡建设和镇村经济发展、安置就业、增加人民收入发挥过积极作用。但由于采石业的快速发展,带来了资源浪费、污染增加、生态环境破坏、安全事故增多等问题,对人民生活质量、投资和旅游环境产生明显的负面影响。从1995年起,江阴市开始逐步禁止开山采石,至2004年6月全市矿山企业全部关闭,结束了江阴开山采石的历史。

2.8 地质构造特征

江阴属扬子地层的江南地层分区,地表为新生代第四系地层,广泛分布于山间各地和平原地区。覆盖层之下有古生代的泥盆系、石炭系、二叠系;中生代的三叠系、侏罗系和白垩系。尚未发现元古代地层和古生代的寒武系、奥陶系、志留系地层。从地质上看,江阴周边被四条深切基底的浙皖赣断裂带、苏北滨海断裂及高邮—嘉兴断裂所包围,形成了一个相对较为稳定的地块、地质结构比较简单,无不良地质现象。境内在三叠系晚期受印支运动影响,形成一系列北向东 $50°\sim60°$ 的褶皱,并伴有走向断裂和横向断裂,其中重要褶皱构造有江阴复背斜、孤山背斜、昆山—沙山背斜及越江向斜和周庄向斜等,较大的断层发生在丘陵与冲积平原的交接处,如江阴—三河口断层 F_1,其他主要断层有北漍—南丰断层 F_2、青龙—西夏墅断层 F_3、顾山—虞山断层带 F_4(图2-6),这些断层长度都在几十公里尺度范围,属中小规模断层,已无明显活动,对地面建筑无影响。江阴位于地震活动较弱的长江下游—南黄海地震带,历史上未记载到破坏性地震,自公元288年迄今,有感地震不到30次,均低于3级。资料分析表明,今后100年内可能出现的最大地震烈度在6度以下,而根据中国地震动峰值加速度区划图和中国地震动反应谱特征周期区划图,江阴市地震烈度为 6 度区。

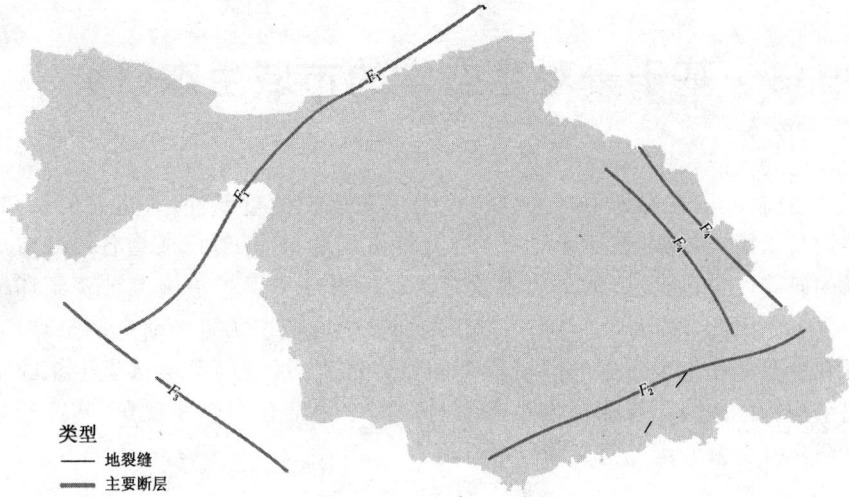

图 2-6　江阴市断层分布图[48]

F_1——江阴—三河口断层

F_2——北漍—南丰断层

F_3——青龙—西夏墅断层

F_4——顾山—虞山断层

3　基于景观生态学的市域生态研究

当前,人们在规划中越来越认识到生态保护的重要性,对生态的认知、建设与保护,实现生态环境与城乡社会经济的和谐发展,已成为各级城市规划的研究内容,如城镇体系规划就有制订生态环境保护措施保护资源环境的任务。因此,城市规划与生态学科的交叉研究已成为近年研究的热点,而景观生态学作为生态学的前沿科学领域,可以为规划师科学认识生态的空间结构特征和演化规律提供生态学与地理学相结合的全新视角,其理论与方法具有重要的借鉴意义和应用价值。

3.1　景观生态学概述

景观生态学是一门将地理学、植被生态学结合在一起,研究景观单元的类型组成、空间配置及其生态学过程的交叉学科[49]。它是在 20 世纪 80 年代发展起来的,以较大时空尺度上研究生态学问题为特征,至今已广泛应用于森林和牧场经营管理、环境和自然保护、城市规划、旅游规划等众多领域。

3.1.1　景观生态学中的基本概念

1) 景观的概念

在景观生态学中对于景观(landscape)的定义主要有三种最具代表性的定义[50]:

(1) Naveh Z. 的"景观是自然、生态和地理的综合体,包括所有的自然与人为格局和过程";

(2) Haber W. 的"景观是为生物或人类所综合感知的土地,而不考虑其单个成分";

(3) Forman R. T. T. 的"景观是相互作用的生态系统空间镶嵌组成的异质区域"。

我国学者肖笃宁在综合多种定义之后,将景观定义为"景观是一个由不同土地单元镶嵌组成,具有明显视觉特征的地理实体;它处于生态系统之上、大地理环境之下的中间尺度；兼具经济、生态和文化的多重价值"[50]。这一定义清楚地描述了景观及其基本特征，因此，景观从狭义上理解是指具有生态服务价值的土地资源，而从广义上理解则可以是地球上全部土地[28]。

2）格局、过程、尺度

景观生态学中的格局（pattern）是指空间格局，是景观组成单元的类型、数目以及空间分布与配置。例如不同斑块在空间上呈现随机型、聚集型或均匀型的分布[49]，它强调的是空间结构特征。

景观生态学中的过程（process）是指生态学中的各种生态学过程，诸如种群动态、种子或生物体传播、群落演替、干扰传播、物质循环、能量流动等[49]，它强调的是动态特征。

景观生态学中的尺度（scale）既可以指研究某一物体或现象时所采用的空间或时间单位，称为测量尺度；也可以指某一现象或过程在空间和时间上所涉及的范围和发生的频率，称为本征（intrinsic）尺度[49]，它强调的是时空特征。

3）空间异质性

空间异质性（heterogeneity）是景观生态学中的一个重要概念，韦伯斯特大辞典中将异质性定义为"由不相关或不相似的组分构成的'系统'"。景观中的空间异质性表现为生态学过程和格局在空间分布上的复杂性和不均匀性[50]。空间异质性是相对空间同质性（homogeneity）而言，空间同质性是在研究中的假定状态，以简化和抽象分析，而空间异质性则是现实中的普遍特征。

4）斑块—廊道—基质

斑块（patch）、廊道（corridor）、基质（matrix）（也称为缀块、廊道、基底），是构成景观的基本空间单元，景观中的任何一点都是属于斑块、廊道和基质[49]。

斑块泛指与周围环境在外貌或性质上不同，并具有一定内部均质性的空间单元。景观的各种性质要由斑块得以反映出来，对景观异质性、动态、功能等的研究实质上就是对斑块的性质、分布、组合及动态与功能的研究。

廊道通常是指景观中不同环境之间的线性或带状结构，在不同斑块之间起连接的作用，比如道路与河流。廊道的结构特征对一个景观的生态过程有强力影响，廊道的起源、宽度、连通性都会对景观带来不同影响。

基质则是在景观中连续性最大、分布最广的背景结构，比如在草原或者沙漠环境中，草原和沙漠则是基质。基质在整体上对景观动态具有控制作用。需要注意的是，实际研究中的景观结构单元的划分是与观察尺度相联系的,因此斑块、廊道和基质的区分往往也是相对的。

斑块—廊道—基质模式具体而形象地描述了景观结构、功能和动态过程,有利于研究者考虑景观结构与功能之间的相互关系,是景观生态学研究中最常用的分析方法。

3.1.2 景观生态学的重要理论和一般原理

1) 景观生态学的重要理论

(1) 等级理论

等级理论(Hierarchy Theory)主要用于研究复杂系统的结构、功能及其动态的一种理论。一般而言,等级是一个由若干单元组成的有序系统。一个复杂的系统由相互关联的亚系统组成,亚系统又由各自的亚系统构成,以此类推直到最低层次[49]。根据等级理论,复杂系统是由具有离散性等级层次组成的等级系统,强调等级系统的离散性反映了自然界中各种生物与非生物过程往往有其特定的时空尺度,从而可以对复杂系统的描述和研究进行简化。

(2) 岛屿生物地理学理论

岛屿生物地理学理论(Island Biogeography Theory)是景观生态学理论中的重要理论之一。主要阐述的是关于物种丰富度和面积之间成正比,与距离成反比的关系[51]。它广泛应用于生物多样性的保护,这一学说丰富和发展了生物地理学及生态学理论,促进人们对物种多样性地理分布与动态格局的认识与理解。

(3) 复合种群理论

复合种群(Metapopulation)是指由空间上彼此隔离,功能上相互联系的两个或两个以上的亚种群或局地种群斑块系统[50]。该理论认为当斑块间的距离增加时,会使得不同斑块间物种的交流变得困难,物种定居的概率降低,则斑块占有率也会随之降低。而当斑块占有率下降时,局部种群灭绝率将会上升。复合种群理论从物种的生境斑块占有率及空间动态的角度探索物种灭绝和重建的机制,因此这一理论的应用在保护生物多样性,尤其是珍惜物种的保护中具有重要意义。

(4) 景观连接度与渗透理论

景观连接度(Landscape Connectivity)是指景观单元之间的连续程度,它包括结构连接度和功能连接度。结构连接度是景观在空间上表现出来的连续性,功能连接度主要是以所研究的生态学对象或过程的特征来确定景观的连续性。景观连接度很大程度决定了景观单元间的生态流能否正常交换。

渗透理论(Percolation Theory)认为对于生物物种来说,所在区域的生境面积占景观总面积的比例越大,该生物迁移能力就越强,濒临灭绝的可能性就越小。

景观的连接度及渗透理论揭示了某一区域的物种丰富度受到该区域景观结构、生态学特征及生境面积的影响。在进行景观规划和设计时,需充分考虑到上述因素对于景观生态功能的影响。

2)景观生态学的一般原理

(1)景观结构和功能原理

景观生态学理论认为,每一个景观单元(生态系统)都有着由斑块、基质、廊道构成的镶嵌式格局的景观结构[52]。景观单元间生态流的运动是受景观功能决定的,在景观结构单元中,物质流、能量流和物种流具有各自相应的景观功能。景观结构和功能原理为其他学科理解景观提供了共同语言和研究框架。

(2)景观多样性原理

景观多样性是生物学中很广的概念,它包括类型、形状、结构和功能等各种竖向层次和横向水平的多样性[50]。景观多样性对于维系景观结构的稳定、涵养水土、物种繁衍等生态学内容具有重要意义,是景观设计、城市规划和管理应当遵循的原则和目标。

(3)景观生态流原理

生物物种与营养物质和其他物质、能量在各个空间组分间的流动称为生态流(Ecological Flow)[50],它是景观生态过程的具体表现。受景观格局影响,生态流表现为聚集与扩散,在生态系统间流动。生态流既受空间异质性影响,又决定空间异质性,两者相互作用。

(4)尺度分析原理

尺度分析原理对景观生态研究具有重要意义,表现为尺度的选择影响斑块类型及其空间范围的划分,比如将小尺度上的斑块格局经过重新组合而在较大尺度下形成新的斑块格局,该过程会伴随着斑块形状由不规则趋向规则以及景观类型的减少[50],因此在研究时必须把握尺度的对应性、协调性和规律性。

(5)景观变化(景观异质性)原理

景观结构与功能能够把物质、物种和能量与斑块、廊道、基质联系起来,生态流的过程会带来均质化效应。但由于新的干扰介入和每一个景观单元的变化速率不同,一个均质化的景观是永远达不到的[53]。适度干扰可以增加景观异质性,而强烈干扰可能增加异质性,也可能减少异质性,城市建设一般属于强烈干扰。

（6）景观稳定性原理

景观稳定性源于景观的抗干扰性和干扰后的复原能力,每个景观单元有它自己的稳定度,因而景观总的稳定性反映景观单元中每一种类型的比例[53]。

3.2 景观格局的定量化研究

景观格局是指景观组成单元的类型、数目以及空间分布与配置[49],不同景观格局对景观中的个体、种群以及生态作用差别很大,而通过景观格局的分析,有助于分析景观组成单元的形状、大小、数量和空间组合,以及对宏观区域生态环境状况评价和发展趋势的分析,同时也有利于探索自然因素与人类活动对景观格局及动态过程的影响[50]。

在景观生态学研究中,理解与把握景观格局变化的生态学原则至关重要[54],景观生态学家在长期的研究探索中,建立了一套应用景观格局指数描述景观格局及变化,联系格局与景观过程的定量化研究方法[55]。景观格局指数能够高度浓缩景观格局信息,反映景观结构组成和空间配置某些方面的特征,揭示景观空间结构与生态过程的定量关系,而且意义明确,是研究景观格局量化研究的主要途径[56]。

3.2.1 景观斑块的分类

景观斑块是景观格局分析中的基本单元,它的分类也就是景观的分类。对于景观的分类,目前在研究中通常有四种方法[28]:

（1）根据人类影响强度的景观分类,其原理是根据人类对自然景观的干扰程度把景观分为自然景观、经营景观、耕作景观、城郊景观、城市景观五类;

（2）按照生态流的景观分类,其原理是根据能量、物质和信息流把景观系统分为自然景观、半自然景观、半农业景观、农业景观、乡村景观、郊区景观和城市工业景观;

（3）参考生态功能价值的景观分类,其原理是在研究中根据各类用地的生态功能价值构建景观分类体系;

（4）基于土地分类体系的景观分类,此种方法没有明确的划分类型,其思路是以土地的利用方式为依据,根据研究需要进行划分。

本书研究数据来源于江阴 GIS 数据库中的土地利用数据层,目的在于分析人类活动对江阴市域景观格局产生的影响和环境问题,因此,采用上述第四种基于土地分类体系的分类方法并参考人类影响强度的因素,将本书研究的景观斑块类型分为农用地、城市建设用地、村庄建设用地、对外交通用地、工业用地、林地、水域等 7 种类型,其中林地是指作为生态功能显著的城市绿地、自然景观类的森林及其覆盖的山地,而人工种植的果园归为农用地。

3.2.2　景观斑块数据库的建立

在现状土地利用数据层中,土地利用分为住宅用地、公共服务设施用地、商业金融业用地、工业用地等共 16 类用地类型(图 3-1,见彩图)。要建立景观斑块数据库,需将上述 16 类用地重新分类,归入对应的景观类型中去,各土地利用类型的景观分类标准如表 3-1 所示。

表 3-1　土地利用的景观分类标准

景观类型	土地利用类型
农用地	农用地
城市建设用地	住宅用地、商业金融业用地、公共服务设施用地、道路广场用地、行政办公用地、市政公用设施用地、文教体卫用地、仓储用地、特殊用地
村庄建设用地	村庄建设用地
对外交通用地	对外交通用地
工业用地	工业用地
林　地	绿地、山地
水　域	水域

在 GIS 空间数据库中根据土地利用的景观分类标准进行重新分类,建立景观斑块数据库,分类结果如图 3-2 所示(见彩图),应用所建立景观斑块数据层进行景观格局的定量分析和计算,得到江阴地区的景观格局特征及规律的认识。

3.2.3　景观格局的指数定量化计算

用景观指数描述景观格局及其变化,建立格局与景观过程之间的联系,是景观生态学最常用的定量化研究方法。在景观格局的研究中,形成了许多描述景观格局及其变化的指数,大致可分为描述景观要素指数和描述总体特征指数两类[55]。这些指标计算方法各不相同,彼此之间也不是完全独立而存在一定的相关性。本书参考前人的研究成果,并结合江阴的实际情况,从景观面积和优势度、景观斑块的分形、聚集度和分离度、景观连接度及景观多样性等 5 个方面选取其中具有代表性的 12 个指标对江阴市域景观格局进行定量分析。

1) 景观面积和优势度指标

(1) 景观优势度指数(Percentage of Landscape,简称 PLAND)

PLAND 是确定景观中优势景观元素的依据之一,也是决定景观中的生物多样性、优势种和数量等生态系统指标的重要因素,其表达公式为[57,58]:

$$PLAND = \frac{\sum_{j=1}^{n} a_{ij}}{A} \times 100 \tag{3.1}$$

式中:i 为景观斑块类型;j 为斑块数目;a_{ij} 是 i 类斑块的第 j 块面积;A 是总的景观面积;全式含义为某景观类型的面积占景观总面积的比例。

PLAND 取值范围在 0～100 之间,反映了各类景观类型在景观中的控制程度,结果越大,说明各类型所占比例差值越大,或者说明某一种或少数几种景观类型占优势[58]。

(2) 最大斑块指数(Large Patch Index,简称 LPI)

LPI 是各景观斑块类型中面积最大的斑块占景观总面积的比例,有助于确定景观的模型或优势类型,其表达公式为[49,58]:

$$LPI = \left(\frac{\max a_{ij}}{A} \right) \times 100 \tag{3.2}$$

式中:i 为景观斑块类型;j 为斑块数目;$\max a_{ij}$ 是 i 类斑块中最大斑块的面积;A 是总的景观面积;全式含义为某种景观类型的最大斑块面积占景观总面积的比例。

最大斑块指数的大小反映了景观中的优势种、内部种的丰度等生态特征,其值的变化受干扰的强度和频率的影响,反映人类活动的方向和强弱[58]。

2) 景观斑块的分形指标

分形指标可以用于分析斑块类型及整个景观的破碎度,通过计算分维数描述景观斑块的几何形状复杂性,反映景观的空间异质性和复杂程度[59]。一般而言,受人类活动干扰小的自然景观分维值高,而受人类活动影响大的人为景观分维值低,但分维数具有很强的尺度依赖性,对斑块的范围和数目均有一定的限制。本书采用三种景观分形指数,分别是周长面积分维数(PAFRAC)、面积加权的平均斑块分形指数(AWMPFD)和面积加权的平均形状因子(AWMSI)。

(1) 周长面积分维数(Perimeter-Area Fractal Dimension,简称 PAF-RAC)

PAFRAC 是景观格局分形分析的常用指标之一,其表达公式为[58]:

$$\text{PAFRAC} = \frac{2\left[\left(n_i \sum_{j=1}^{n} \ln p_{ij}^2\right) - \left(\sum_{j=1}^{n} \ln p_{ij}\right)^2\right]}{\left[n_i \sum_{j=1}^{n} (\ln p_{ij} \times \ln a_{ij})\right] - \left[\left(\sum_{j=1}^{n} \ln p_{ij}\right) \times \left(\sum_{j=1}^{n} \ln a_{ij}\right)\right]}$$

(3.3)

式中: p_{ij} 是 i 类景观 j 斑块的周长; a_{ij} 是 i 类景观 j 斑块的面积; n_i 是 i 类景观的斑块数目。全式分为两部分,第一部分是某斑块类型的各斑块周长自然对数之平方和乘以该类型的斑块数目,减去该类型各斑块周长自然对数之和的平方,再乘以 2;第二部分是各斑块周长的自然对数乘以各斑块面积的自然对数的和乘以斑块数目,再减去周长自然对数之和与面积自然对数之和的积;周长面积分维数(PAFRAC)为两者之比。

PAFRAC 的取值范围在 1～2 之间,越趋近于 1,斑块的自相似性越强,斑块形状越有规律,斑块的几何形状越趋近于简单,景观异质性越低;反之,则斑块形状越复杂,景观异质性越高[58]。

(2) 面积加权的平均斑块分形指数(Area-Weighted Mean Patch Fractal Dimension,简称 AWMPFD)

AWMPFD 应用分形理论测量斑块和景观的空间复杂性,是反映景观格局总体特征的重要指标,一定程度上也反映了人类活动对景观格局的影响,其表达公式为[49,57,58]:

$$\text{AWMPFD} = \sum_{i=1}^{m} \sum_{j=1}^{n} \left(\frac{2\ln 0.25 p_{ij}}{\ln a_{ij}}\right)\left(\frac{a_{ij}}{A}\right)$$

(3.4)

式中: i、j、a_{ij}、p_{ij} 的意义同上; m 为景观斑块类型的总数, n 为类型 i 的斑块数目; A 为景观总面积。全式含义为 2 乘以景观中每一斑块 0.25 倍周长(0.25 是校正常数)的自然对数,除以斑块面积的对数,再乘以斑块面积与景观总面积之比,最后所有斑块加和。AWMPFD 的结果可分为斑块级别和景观级别,斑块级别上为各斑块乘以各自在同类型中的面积权重,景观级别上乘以类型斑块面积在全部景观中的面积权重。

AWMPFD 的取值范围在 1～2 之间,当 AWMPFD = 1 时代表最简单的圆形或正方形,当 AWMPFD = 2 时代表周长最复杂的斑块类型。一般来说,受人类活动干扰小的自然景观分维值高,而受人类活动影响大的人为景观分维值低[58]。

(3)面积加权的平均形状因子(Area-Weighted Mean Shape Index,简称 AWMSI)

AWMSI 是度量景观空间格局复杂性的重要指标之一,并对许多生态过程都有影响。如斑块的形状影响动物的迁移、觅食等活动,影响植物的种植与生产效率;对于自然斑块或自然景观的形状分析还有另一个很显著的生态意义,即常说的边缘效应,其表达公式为[49,58]:

$$AWMSI = \sum_{i=1}^{m} \sum_{j=1}^{n} \left[\left[\frac{0.25\, p_{ij}}{\sqrt{a_{ij}}} \right] \left(\frac{a_{ij}}{A} \right) \right] \tag{3.5}$$

式中:i、j、a_{ij}、p_{ij}、m、n、A 的意义同公式(3.4)。全式含义为每一斑块的 0.25 倍周长除以面积的平方根,再乘以斑块面积与景观总面积之比,最后所有斑块加和。AWMSI 的结果也可分为斑块级别和景观级别,原理同公式(3.4)。

AWMSI 的取值范围为 AWMSI ≥ 1,当 AWMSI = 1 时说明所有的斑块形状为最简单的方形;当 AWMSI 值增大时说明斑块形状变得更复杂,更不规则[58]。

3)聚集度与分离度指标

景观聚集度指景观中不同景观类型的非随机性或聚集程度,反映一定数量的景观类型在景观中的相邻关系、相互分散性,代表景观斑块的邻接异质性[49];景观分离度是指某一景观类型中不同斑块个体分布的分离程度[49]。用于分析聚集度和分离度的指标有 4 个,散布与并列指数(IJI)、相似邻接百分比(PLADJ)、聚集度(AI)以及蔓延度指数。

(1)散布与并列指数(Interspersion & Juxtaposition Index,简称 IJI)

IJI 是景观分散与相互混杂信息的测度,是描述景观空间格局最重要的指标之一,其原理是通过考察某斑块类型与其他斑块的相邻关系,判断生态系统的空间分布特征。它包括斑块类型级别和景观级别两种指数,表达公式为[57,58,60]:

$$IJI_i = \frac{- \sum_{i=1}^{m} \left[\left(\frac{e_{ik}}{\sum_{i=1}^{m} e_{ik}} \right) \times \ln \left(\frac{e_{ik}}{\sum_{i=1}^{m} e_{ik}} \right) \right]}{\ln(m-1)} \times 100$$

$$IJI = \frac{- \sum_{i=1}^{m} \sum_{k=i+1}^{m} \left[\left(\frac{e_{ik}}{E} \right) \times \ln \left(\frac{e_{ik}}{E} \right) \right]}{\ln[0.5m(m-1)]} \times 100 \tag{3.6}$$

式中：e_{ik} 为斑块类型 i 与斑块类型 k 之间的总边缘长度；m 是斑块类型的总数；E 为景观中不同类型斑块间的总边缘长度。全式在斑块级别的含义为与某斑块类型 i 相邻的各斑块类型的邻接边长除以斑块 i 的总边长再乘以该值的自然对数之后累加和的负值，除以斑块类型数减 1 的自然对数，最后转化为百分比的形式。在景观级别上的含义是计算各个斑块类型间的总体散布和并列状况。

IJI 的取值范围在 0～100 之间，当 IJI 取值较小时，表明斑块类型 i 仅与少数几种其他类型相邻接；IJI 的值较大，说明分布比较分散，与其他类型相互混杂分布；IJI＝100 表明各斑块间比邻的边长是均等的，即各斑块间的比邻概率是均等的。一般而言，IJI 对那些受到某种自然条件严重制约的生态系统分布特征反映显著，如山区的各种生态系统严重受到垂直地带性的作用，其分布多呈环状，IJI 值一般较低；而干旱区中的许多过渡植被类型受制于水的分布与多寡，彼此邻近，IJI 值一般较高[58]。

（2）相似邻接百分比（Proportion of Like Adjacencies，简称 PLADJ）

PLADJ 表示斑块类型分散程度，其原理是通过考察斑块的相邻数目关系判断生态系统的空间分布特征。它的表达公式为[58,61]：

$$PLADJ = \frac{g_{ii}}{\sum_{k=1}^{m} g_{ik}} \times 100 \tag{3.7}$$

式中：g_{ii} 表示斑块类型 i 的同类斑块相邻数目；g_{ik} 表示斑块类型 i 与所有其他斑块类型的相邻数目。全式含义为同类斑块相邻的数目占此类斑块与所有其他类型的斑块相邻数目的百分比。

PLADJ 的取值范围在 0～100 之间，当取值为 0 时，表示此斑块类型最大程度上的不聚集，即每个像元都属于不同类型的斑块，没有相邻的同类斑块；其值越接近 100 就表示此斑块类型越来越聚集。需注意的是，PLADJ 反映了斑块的聚集程度，但不反映斑块的散布程度，即缺少斑块的整体分布均匀程度信息[58]。

（3）聚集度（Aggregation Index，简称 AI）

AI 是衡量斑块类型的聚集程度，其表达公式为[58,61]：

$$\text{AI} = \left[\sum_{i=1}^{m} \left(\frac{g_{ii}}{\max \rightarrow g_{ii}} \right) p_i \right] \times 100 \tag{3.8}$$

式中：g_{ii} 表示斑块类型 i 的重合像素数目（重合的 2 个像素算作 1）；$\max \rightarrow g_{ii}$ 表示斑块类型 i 邻接像素的最大趋势数目。全式含义为斑块类型 i 的邻接像素数目与最大趋势数目的百分比。

AI 的取值范围在 0～100 之间，AI 值越大，说明斑块类型的聚集度越高，当 AI 等于 100 时，表明该斑块类型高度聚集成一个单一而紧密的斑块[58]。

（4）蔓延度（Contagion，简称 CONTAG）

CONTAG 指标包含空间信息，是描述景观格局的最重要指数之一，可反映景观中不同斑块类型的团聚程度或延展趋势，其表达公式为[49,60]：

$$\text{CONTAG} = \left[1 + \frac{\sum_{i=1}^{m} \sum_{k=1}^{m} \left[p_i \left(\frac{g_{ik}}{\sum_{k=1}^{m} g_{ik}} \right) \ln p_i \left(\frac{g_{ik}}{\sum_{k=1}^{m} g_{ik}} \right) \right]}{2\ln(m)} \right] \times 100 \tag{3.9}$$

式中：g_{ik} 表示斑块类型 i 与斑块类型 k 之间邻接的所有栅格数目；p_i 是景观类型 i 的景观面积百分比；m 是景观类型的数目。全式含义为将景观中各斑块类型所占景观面积乘以各斑块类型之间相邻的栅格单元数目占总相邻栅格单元数目的比例，乘以该值的自然对数之后的各斑块类型之和，除以 2 倍的斑块类型总数的自然对数，其值加 1 后再转化为百分比的形式。

CONTAG 是通过栅格数据测度的，它既概括了斑块类型团聚的信息，也表示斑块类型相互邻接混杂的信息。它的取值范围在 0～100 之间，当取值为 0 时，表示核心斑块最大程度的分散；当取值为 100 时，表示斑块区域只有一个斑块。一般来说，高蔓延度值说明景观中的某种优势斑块类型形成了良好的连接性；反之则表明景观是具有多种要素的密集格局，景观类型的连接性不好，景观破碎化程度较高[49,60]。

4）景观连接度指标

景观连接度重点用于考察斑块间的连接状况以及衡量廊道是否完好，连

接度分析的常用指标为斑块结合度指数(COHESION),其表达公式为[62,63]:

$$\text{COHESION} = \left[1 - \frac{\sum_{i=1}^{m}\sum_{j=1}^{n} p_{ij}}{\sum_{i=1}^{m}\sum_{j=1}^{n} p_{ij}\sqrt{a_{ij}}}\right]\left(1 - \frac{1}{\sqrt{A}}\right)^{-1} \times 100 \quad (3.10)$$

式中:p_{ij} 为 i 景观类型 j 斑块的周长;a_{ij} 为 i 景观类型 j 斑块的面积;A 为景观斑块总数。全式含义为 1 减去所有斑块周长之和与所有斑块周长乘以各自面积平方根之和的比,再除以 1 减去斑块总数平方根的倒数,最后转换为百分比形式。

COHESION 的取值范围在 0~100 之间,高值表明连接度相对较高,低值表明连接度相对较低[62,63]。

5) 景观多样性指标

常用的景观多样性分析指标有 2 个,分别为香农多样性指数(SHDI)和香农均度指数(SHEI),两者都是基于信息理论的测量指数,在生态学中应用广泛[63]。

(1) 香农多样性指数(Shannon's Diversity Index,简称 SHDI)

SHDI 能反映景观异质性,特别对景观中各斑块类型非均衡分布状况较为敏感,即强调稀有斑块类型对信息的贡献。其表达公式为[49,57,58]:

$$\text{SHDI} = -\sum_{i=1}^{m}(p_i \times \ln p_i) \quad (3.11)$$

式中:p_i 是景观类型 i 的面积;m 为景观类型的数目。全式含义为各斑块类型的面积乘以其值的自然对数之后累加和的负值。

SHDI 指数是斑块的丰富度和面积分布均匀程度的综合反映,取值范围为 SHDI ≥ 0,当取值为 0 时表示景观只包含一个斑块,即没有多样性。当不同斑块类型即斑块丰富度增加或者不同斑块面积分布的越均匀时候,SHDI 的值也相应增加。在一个景观系统中,土地利用越丰富,破碎化程度越高,其不确定性的信息含量也越大,计算出的 SHDI 值也就越高[49,57,58]。

(2) 香农均度指数(Shanno's Evenness Index,简称 SHEI)

SHEI 描述的是景观中不同景观类型的分布均匀程度,其计算公式为[57,58]:

$$\text{SHEI} = \frac{-\sum_{i=1}^{m}(p_i \times \ln p_i)}{\ln m} \quad (3.12)$$

式中：p_i、i、m 含义同上。全式含义为将香农多样性指数(SHDI)除以给定景观丰度下的最大可能多样性(景观类型数目的自然对数)。

SHEI 的取值范围在 0~1 之间，当 SHEI＝0 表明景观仅由一种斑块组成，无多样性；SHEI＝1 表明各斑块类型均匀分布，有最大多样性。同时 SHEI 值能反映优势度，其值越小则优势度一般越高，反映出景观受到一种或少数几种优势斑块类型所支配；SHEI 趋近 1 时优势度低，说明景观中没有明显的优势类型，且各斑块类型在景观中均匀分布[57,58]。

3.2.4 景观格局的分析

1) 景观面积和优势度分析

研究区域内景观斑块总面积为 935.45 km²，其中农用地 563.14 km²，城镇建设用地 75.96 km²，村庄建设用地 96.73 km²，对外交通用地 14.87 km²，工业用地 98.97 km²，林地 40.79 km²，水域 44.99 km²。各景观斑块类型的 PLAND 指数与 LPI 指数计算结果如表 3-2，图 3-3，图 3-4 所示。

表 3-2　江阴市域景观面积与景观优势度分析结果

景观类型	景观面积(km²)	PLAND(%)	LPI(%)
农用地	563.14	60.20	2.54
城镇建设用地	75.96	8.12	2.18
村庄建设用地	96.73	10.34	0.04
对外交通用地	14.87	1.59	0.83
工业用地	98.97	10.58	0.13
林　地	40.79	4.36	1.15
水　域	44.99	4.81	1.86

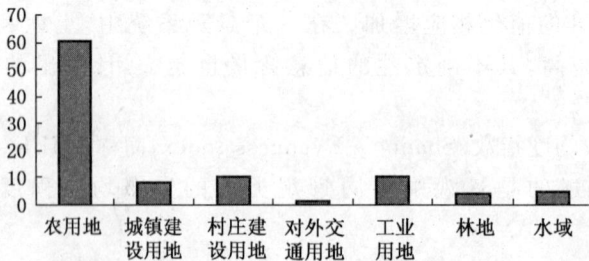

图 3-3　PLAND 值柱状图

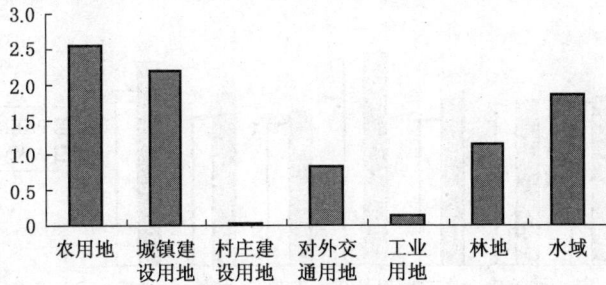

图 3-4 LPI 值柱状图

在江阴景观面积的结构特征上,农用地的景观面积最大,其 PLAND 指数达到了 60.2,远超过其他景观类型,说明地处长江下游平原地带的江阴有着良好的农业种植条件,且农业水平较为发达,拥有较多的农业种植面积,农业开发度高。LPI 反映了景观中的优势类型,并一定程度上反映人为活动的强弱和方向,从计算结果的数据来看,农用地与城镇建设用地的 LPI 值最高,分别为 2.54 和 2.18,这两类用地是典型受人类活动主导的景观类型。反观属于自然景观类型的林地较两者差距明显,因此可以认为,江阴市总体上的开发度较高,景观上以农业和城市景观为主,显示出人为影响下的农业与城市的巨大发展。

2) 景观格局的分形分析

分形分析主要分析斑块类型以及整个景观的复杂性和破碎度,各指标计算结果如表 3-3,图 3-5,图 3-6 所示。

表 3-3 江阴市域景观分形分析结果

分析类型	景观类型	PAFRAC	AWMPFD	AWMSI
斑块级别	农用地	1.30	1.25	7.75
	城镇建设用地	1.27	1.24	9.57
	村庄建设用地	1.28	1.12	1.95
	对外交通用地	1.64	1.59	40.52
	工业用地	1.19	1.09	1.79
	林　地	1.32	1.15	3.36
	水　域	1.57	1.36	15.44
景观级别		1.28	1.22	7.34

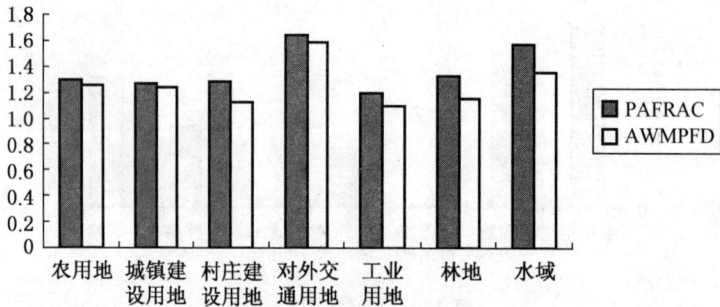

图 3-5　PAFRAC 值与 AWMPFD 值柱状图

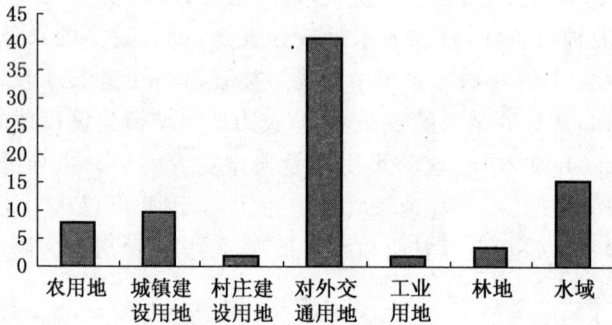

图 3-6　AWMSI 值柱状图

　　从计算结果数据来看,由于各指标的算法不一样,因此各景观类型的位序排列在 3 组指数中也不尽相同。其中,对外交通用地(1.64,1.59,40.52)与水域(1.57,1.36,15.44)的 3 个指数都排在前两位,说明两者形状相对最为复杂,这与两者都具有蜿蜒曲折的特性有关;工业用地(1.19,1.09,1.79)在 3 组指数中都是最低的,表明工业用地的形状最为规整,受人为干扰影响最深;以自然景观为主的林地(1.32,1.15,3.36)的三组指数都不高,说明江阴林地的空间形状较为简单,破碎度较低,分布趋于集中团聚。在景观总体级别上(1.28,1.22,7.34),三者指数都较小,说明景观形状在总体上是趋于简单的,区域受人为活动干扰影响显著。

　　3) 聚集度与分离度分析

　　聚集度与分离度各指标计算结果如表 3-4,图 3-7 所示。

表 3-4 　江阴市域景观格局聚集度与分离度计算结果

分析类型	景观类型	IJI(%)	PLADJ(%)	AI(%)	CONTAG(%)
斑块级别	农用地	82.46	95.75	95.79	—
	城镇建设用地	76.34	93.00	93.10	—
	村庄建设用地	33.84	88.17	88.26	—
	对外交通用地	80.28	72.10	72.29	—
	工业用地	82.89	93.67	93.76	—
	林　地	91.94	95.86	96.01	—
	水　域	57.18	80.16	80.28	—
景　观　级　别		73.04	93.40	93.47	58.01

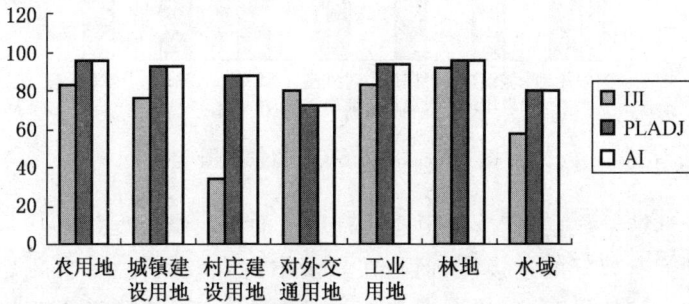

图 3-7 　聚集度与分离度分析指标柱状图

　　从结果来看,散布与并列指数(IJI)最低的是村庄建设用地(33.84),说明该类型用地分散,而且仅与少数其他类型邻接,这与实际中村庄大多被农用地包围的空间分布格局相符;水域的 IJI 指数也相对较低(57.18),这源于江阴的水系以河流和小水塘为主,广泛分布于市域范围内。相似邻接百分比(PLADJ)最高的是林地(95.86)与农用地(95.75),斑块聚集性相对最强,分布集中;最低的是对外交通用地(72.10),说明该斑块类型分散性相对最强。聚集度(AI)的排序与相似邻接百分比(PLADJ)相同,聚集度最高的是林地和农用地,最低的是对外交通用地。蔓延度(CONTAG)受到斑块间散布和分散的双重影响,程度低的分散(即高比例的相似邻接像元)与程度低的散布(即像元空间分布不均匀)都会导致较高的蔓延度值,江阴景观总体上的蔓延度为 58.01,这个结果较为适中,说明有一定的景观破碎度。

4) 景观连接度分析

斑块结合度指数(COHESION)量化研究各景观类型的连接度,其计算结果如表 3-5,图 3-8 所示。

表 3-5　江阴市域景观格局斑块结合度计算结果

分析类型	农用地	城镇建设用地	村庄建设用地	对外交通用地	工业用地	林地	水域	景观级别
COHESION(%)	99.49	99.30	94.05	99.35	96.52	98.80	98.75	99.14

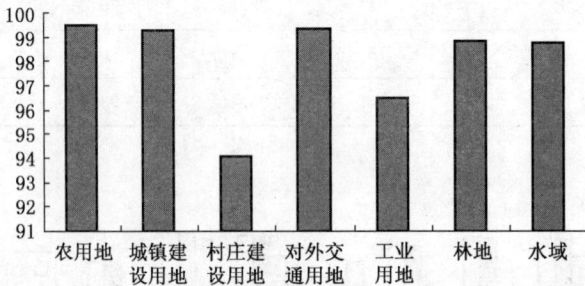

图 3-8　COHESION 值柱状图

从计算结果数据来看,农用地拥有最高的斑块结合度(99.49),说明该景观类型拥有较好的连接性,而且在景观中占有较大比重;次高是对外交通用地和城镇建设用地,说明道路连接状况良好,城镇建设用地趋于集中团聚;工业用地分散布置于各镇,因此结合度相对较低(96.52);结合度最低的是村庄建设用地(94.05),说明该类型用地分布相对最为分散,空间连接性相对最低,这一结果与村庄建设用地的散布而相对孤立的特性是相符的。景观级别上的连接度达到了 99.14,说明各斑块总体上的连接度较好。

5) 景观多样性分析

景观多样性指数反映景观类型的丰富度和均匀度。经计算,江阴市域景观的香农多样性指数(SHDI)为 1.33,说明江阴市域景观类型具有一定的丰富度,异质性较高;香农均度指数(SHEI)为 0.68,数值不是很高,说明景观中有优势景观类型,同时也具有一定程度的多样性,这一结果证明了优势度分析中农用地优势度明显的分析结果。

综上所述,江阴市的景观格局现状以农业景观为主,具有一定的景观异质性和丰富度;农用地面积最广,遍布整个区域;城镇建设用地团聚,农村建设用地散布;交通道路连接性良好,水系与工业用地散布于区域,与其他类型相互混杂的现象最为明显,反映出江阴水系网络发达与各镇工业基础良好的地区特点;林地斑块较少,但平均斑块面积较大,总体结合度较好,主要集中分布于中部地区,不利于区域生态环境的平衡。总体上景观斑块形状趋于简单,显示出人为活动干扰作用显著,区域的开发度较高的特征。

3.3　景观生态安全格局

3.3.1　景观生态安全格局的概念

景观生态学观点认为景观中有某种潜在的空间格局,它由景观中某些关键性的点、局部、位置和空间联系所构成,对维护和控制生态过程有关键性作用,因此对生物保护和景观改变有着重要意义[64],这类格局被称为景观生态安全格局(Security Patterns,简称 SP)。景观生态安全格局的识别,有利于判别、维护和强化景观生态的基础设施,不仅能指导景观规划与设计,还能为城市规划结合景观生态学提供一个易于操作又行之有效的实践方法。

按景观生态学观点,一个典型的景观生态安全格局应包括以下几个组分[26]:

(1)源——现存的乡土物种栖息地;

(2)缓冲区——环绕源的周边地区,是相对的物种扩散低阻力区;

(3)源间连接——是相邻两源之间最易联系的低阻力通道;

(4)辐射道——由源向外围景观辐射的低阻力通道,是生物扩散的途径;

(5)战略点——对沟通相邻源之间联系有关键意义的"跳板"。

景观生态安全格局是生态过程的潜在表面,它的判别需要通过对生态过程的动态和趋势模拟来实现,基于景观生态安全格局原理,应用 GIS 技术平台实现对研究区域生态过程的模拟,分析区域景观生态安全格局。

3.3.2　景观生态安全格局识别步骤

1)源的确定

在景观生态学规划中,保护对象是多个物种和种群,因为它们能够反映生态环境的多样性,所以一般都将生物栖息地认为是"源"[26]。

2）建立阻力面

物种对景观的利用被看作是对空间的竞争性控制和覆盖过程，而这种控制和覆盖必须通过克服阻力来实现，所以阻力面反映了物种空间运动的趋势。在景观生态安全格局分析中有许多模型可以建立阻力面，其中最常用的是最小累积阻力模型（Minimum Cumulative Resistance，简称MCR）[65]。该模型考虑三个方面的因素，即源、距离和景观界面特征。基本公式如下：

$$\mathrm{MCR} = f_{\min} \sum_{i=1}^{n} \sum_{j=1}^{m} (D_{ij} \times R_i) \tag{3.13}$$

其中：f 是一个未知正函数，反映空间任一点的最小阻力与其到所有源的距离和景观基面特征的正相关关系；D_{ij} 是物种从源 j 到空间某一点所穿越某景观基面 i 的空间距离；R_i 是景观 i 对某物种迁移的阻力；$(D_{ij} \times R_i)$ 是物种从源迁移到空间某一点的相对难易度衡量指标，其中从所有源到该点阻力的最小值被用来衡量该点的易达性。因此根据该计算模型，可以获得景观阻力面，从而反映物种迁移的潜在可能性及趋势[26]。

3）根据阻力面判别安全格局

阻力面是反映物种迁移的时空连续体，类似地形表面。阻力面可以用等阻力线表示为一种矢量图。这一阻力表面在源处下陷，在最不易达到的地区阻力面呈峰突起，而两陷之间有低阻力的谷线相连，两峰之间有高阻力的脊线相连。根据阻力面进行空间分析可以判别源间连接、辐射道和战略点[26]（图3-9）。

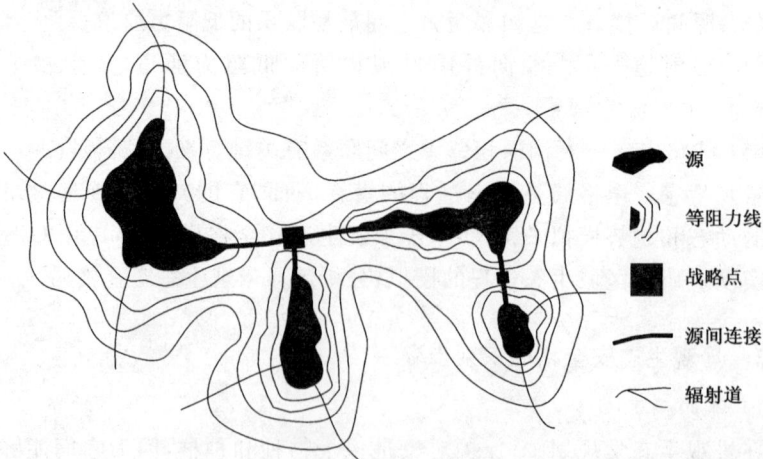

图例：
- 源
- 等阻力线
- 战略点
- 源间连接
- 辐射道

图3-9　景观生态安全格局假设模型图[26]

（1）源间连接

源间连接，即廊道，实际上是阻力面上相邻两源之间的阻力低谷。根据安全层次的不同，源间连接可以有一条或多条，它们是生态流之间的高效通道和联系途径。每源都有一条或多条低累积阻力谷线，其中有一条是最小阻力谷线。多一条连接就可以为某一源的保护多一份保险，安全层次就可提高。

（2）辐射道

辐射道是以某源为中心向外辐射的低阻力谷线，它们形同树枝状河流，成为物种向外扩散的低阻力通道。这是生物以原有栖息地为基地，向外围景观扩散的有效途径。

（3）战略点

战略点是以相邻源为中心等阻力线的相切点，对控制生态流有至关重要的意义，起源间"跳板"的作用。

将上述各种存在的和潜在的景观结构组成部分叠加组合，就形成了某一安全水平上的生物保护安全格局，不同的安全水平要求各自相应的安全格局，每一层次的安全格局都是根据生态过程的动态趋势和某些门槛值来确定的，而这些门槛值可以通过分析阻力面的空间特性来求得[26]。

3.3.3　基于 GIS 的景观生态安全格局计算方法

应用 GIS 进行景观生态安全格局分析，需要对上述数学模型进行转换，通过 GIS 中的空间分析功能，从而得到 GIS 分析结果。具体转换过程解释如下[64]：

（1）源——在运算中，源被认为是消耗的零值点，在 GIS 空间数据库中可以通过点、线、面空间要素层的形式来表示。

（2）距离——不能简单地理解为空间两点之间的直线距离，而是空间任意一点到距空间最近的源（点、线、面）在空间介质中耗费距离的累积。

（3）景观特征——即空间介质，通过定义不同景观介质阻力值来表征空间上的差异。

（4）具体数学解释公式为：

$$R_j = D \sum_{j=1}^{n} r_j \tag{3.14}$$

$$n = \frac{S_{\min}}{D} \tag{3.15}$$

式中:D 为单位栅格的边长;r_j 为单位栅格的属性值(阻力值);S_{min} 是空间任意一点 i 与最近源之间的距离;n 是空间任意一点 i 到最近源所经过的栅格数;R_i 为空间任意一点 i 到最近源的耗费积累,即阻力值的积累。具体计算时,单位栅格的属性值 r_j 的值根据空间介质特征进行定义,最小值 S_{min} 可通过距离耗费函数来确定。

3.3.4 景观生态安全格局的分析

以江阴市为例,江阴市域景观生态安全格局的分析步骤如下:

1)现状景观斑块的栅格化

在 GIS 空间数据库中,以栅格精度 50 m×50 m 像素对景观斑块矢量数据图进行栅格化,得到现状景观斑块栅格图(图 3-10,见彩图)。

2)赋属性值

在景观生态安全格局分析中,景观斑块的属性值(阻力值)是依据景观斑块类型差异定义的相对值。本书对江阴现状景观斑块的属性值定义如表 3-6。

表 3-6　景观斑块赋值表

斑块类型	工业用地	城镇建设用地	农村建设用地	对外交通用地	农用地	林地	水域
阻力值	200	150	80	80	10	10	10

根据属性值将现状栅格图像进行重分类,得到如图 3-11(见彩图)所示的栅格数据。

3)源的选取

选取江阴市的所有自然生态保护区作为景观生态安全格局中的源,将确定的生态源以面状要素叠合在现状景观斑块栅格图像上,得到生态源分布图(图 3-12,见彩图)。

4)阻力面分析

利用 GIS 的空间分析工具中的距离耗费函数,同时叠合现状景观生态斑块阻力值进行计算,得到阻力等值图(图 3-13)和生态阻力面耗费值分析成果图(图 3-14,见彩图)。

根据景观生态安全格局的识别理论,在阻力面基础上得到基本安全水平上的景观生态安全格局景观(图 3-15,见彩图)。经统计,生态安全保护范围占市域面积的 23.7%。

从生态安全格局分析结果看,江阴市域的景观生态安全水平较低,生态安全格局范围占市域面积的 23.7%,并且生态阻力值呈现中间高,两端低的

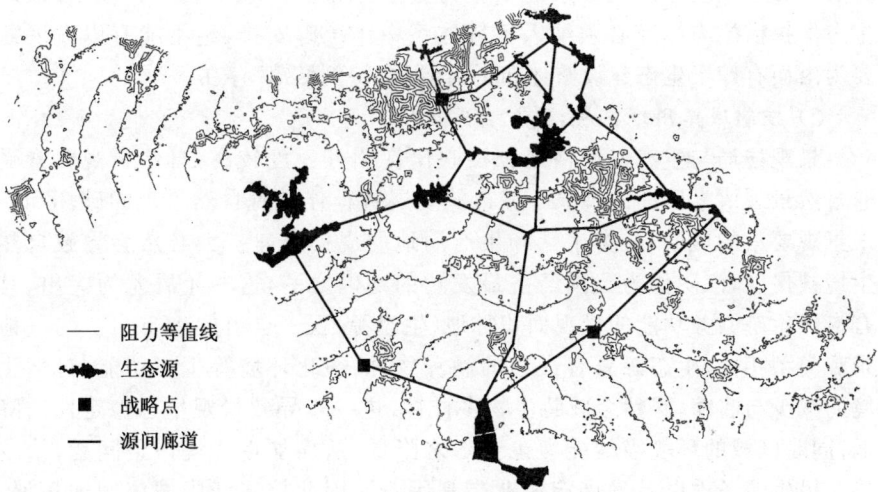

图 3-13 生态阻力等值线图

空间分布特征。造成该结果的原因在于江阴开发建设量较大，大量的建设虽然为当地带来巨大的经济收益，但也会增加生态流动的阻力，使得生物扩散与源间生态流动变得困难而且脆弱。同时，江阴的生态源集中分布于市域的中间地段，而西北、东南角缺乏生态源使得两处的生态阻力面耗费值较中间地区高，不利于当地的生态平衡和安全。

3.4 对生态建设规划的建议

城镇体系规划中包含生态建设规划的内容，目的是基于生态学的基本原理制订生态保护原则和措施，使之指导后续规划设计，从而将开发建设对生态环境的破坏性影响降至最低，同时还要能强化区域的生态环境体系，提高生态安全水平，缓解城镇发展与自然环境保护之间的矛盾。根据上述景观格局指数与景观生态安全格局的分析结果，建议江阴市域城镇体系的生态建设规划应该体现以下几个方面的内容：

1）打破行政边界的区域角度原则

景观生态的稳定有赖于区域尺度下景观单元及其组合结构的完整，景观格局是受自然因素和人类活动共同作用的结果，并不以各城镇的边界划分为转移，因此，必须打破行政边界的限定，从区域的角度考虑景观生态的相关问题，以建立区域景观生态系统优化利用的空间结构和模式为目标，使斑块、廊道、基质等景观要素的数量与空间分布在区域中趋于合理,各镇的生态保护措施与标准必须纳入区域体系中作统筹安排,绝不能有以发展需要为由而有悖于生态建设整体布局需要的"特例城镇"存在。

2) 控制城镇用地拓展,保护自然生境

景观格局与生态安全格局都反映出江阴开发度较高,自然景观要素受非自然景观要素压缩的现象。城市的发展过程伴随着自然景观的破坏和人工景观要素的形成,人类生活和生产用地的规模迅速扩大必然会导致自然生境被侵蚀,江阴作为我国经济最发达的地区之一,这一矛盾尤为突出,具有自然生态服务功能的景观面积林地(生态源)仅占全市的 4.36%。与其他景观类型相比,生态源具有最强的涵养物种、净化环境等生态功能,自然生境的减少与收缩,必然会威胁生物多样性,进一步导致景观生态稳定性的降低;同时区域的环境吸纳能力也会随之降低,从而加重环境污染问题,给改善人民生活条件以及发展旅游业带来困难。因此控制江阴城镇用地拓展,保护自然生境已刻不容缓,尤其是在中部的云亭、周庄、华士 3 镇所在地区,该地区分布有一系列规模较大的生态源,且源间距离相近,属于江阴生态体系的核心地带,与此同时该地区又是城镇建设量庞大,城镇用地规模于接近市区规模,从各镇中心向四周蔓延而紧邻各生态源,已对生态源之间的联通造成阻碍,今后该地区必须严格限制建设用地进一步向外蔓延。

3) 构建斑块—廊道—基质的完整模式

斑块—廊道—基质是景观的普遍特征,是任何景观规划和设计都应当遵循的模式。斑块要相对均质,基质是景观中面积最广的部分,廊道两侧是与基质有明显区别的狭长带状区域,它是连接同类型景观不可缺少的部分。只有保证斑块—廊道—基质模式的完整性,各景观要素才能充分发挥其功能。具体表现为在自然景观生态系统中,必须严格保护生态源,严禁强烈的人为活动干扰的介入,保证生态廊道的畅通,严格控制生态廊道两侧的建设;在城市绿地系统中,不仅要保证城镇内各绿地形成相互连接的系统,还要实现与城镇外市域范围的绿地基质的连接,以构建一个大网络包含小网络的市域生态有机网络体系,从而最大限度发挥自然生态系统与城市绿地系统的生态服务功能,实现城市与自然的和谐发展。

4) 强调景观多样性

根据景观多样性原理,规划中的景观多样性应体现类型与结构的双重多样性。具体反映为在自然景观中,要保护物种多样性和生态源的多样性,这就要求区域内必须设置有面积较大的自然保护区,包括湿地、山林、江河、湖泊等各类生境;在城市景观中表现为城市绿地的数量、类型、空间层次的多样性,一是要保证绿地比例不低于国家标准,并结合实际增加比例;二是要追求绿地类型的丰富度,仅建设几个大型公园与绿地广场还远远不够,要构建涵盖公园、广场、沿街绿带、小区绿地等类型丰富的城市绿地景观系统;三是要合理规划绿地布局,形成主次有序、内外平衡、相互联系、覆盖全城又兼具视觉美学的空间层次;四是要注重绿化植物的物种多样性,合理配置各类乔木、灌木、藤本、草本或水生植物,通过不同种类的绿化植物的组合,形成色彩丰富、高低错落、四季变化的植物群落景观,这不仅能增加绿化景观的观赏价值,还有利于取得更好的生态效应[66]。

5) 增设自然保护区,提高生态安全水平

针对生态系统不完整,市域西北部与东南部生态阻力值高,全市整体安全水平较低等问题,建议除进一步完善现有的各自然保护区,对其进行严格保护之外,还应在市域西北部与东南部增设自然保护区作为生态源,并沿着重要河流的走向开辟生态廊道,以使新设生态源与原有生态源相连接,形成覆盖全市域的自然生态系统。同时根据实际情况,在阻力面鞍部地区或河流交汇处选择战略点[67],控制战略点所在地区的开发建设。此外还要注意区域内生态系统与区域外的联通,形成趋于稳定、相对完整并且开敞的空间格局体系,提高区域的生态安全水平(图 3-16,见彩图)。

3.5　本章小结

综上所述,本章运用景观生态学理论及其分析方法,对江阴市域生态进行了研究,结论主要有以下三点:

(1) 根据景观生态学的理论和原理,选取 5 个类别 12 个景观格局指标分析景观优势度、景观多样性、景观连接度、景观异质性,揭示江阴市域生态受人为活动影响显著,景观格局现状以农业景观为主,具有一定的景观异质性和丰富度,其中农用地面积最广,遍布整个区域;城镇建设用地较为团聚,连接度高;农村建设用地、水域与工业用地散布于区域,后两者与其他类型相互混杂的现象最为明显,林地主要集中分布于中部地区,不利于区域生态平衡的现状景观格局。

(2) 通过对江阴景观生态安全格局的分析,认为江阴景观生态安全水平较低,各镇之间也存在安全水平的差异,相对较好是中间地区的城镇,包括澄江、南闸、云亭、周庄、华士、月城、霞客等镇,市域的西北部与东南部地区,是景观生态体系中的薄弱环节,包括璜土、利港、申港、长泾、顾山等镇,建议在这些地区增设生态源以改善生态条件,并确保市域内外各生态廊道的畅通,保证生态流的正常运行。

(3) 本章的研究还启示基于生态的开发观念。区域的高度开发虽然是经济繁荣和生产力提高的必然产物,但不能忽视生态环境容量而不加约束地盲目开发。合理的开发应当是在正确认识当地景观生态的基础上科学地规划和建设,将城市发展对自然生态环境的损害尽可能降低;同时还要认识到现状景观生态的不足,发挥人类的主观能动作用,通过合理的景观生态规划改良区域生态系统,提高城市的生态质量,谋求城市与自然的和谐共生。

4　GIS在江阴市域城镇体系规划中的应用

　　城镇体系是一定地域范围内职能各异、规模不等的一系列城镇,在经济上互相联系,生产上分工协作,发展上相互协调所形成的地域经济综合体的核心部分,也是地域内外自然、经济、社会和政治多种因素综合作用的结果[1]。系统性是城镇体系的本质特征,体现在区域内不同区位、等级、规模、职能的城镇之间形成纵向和横向的各种联系共同构成一个有机整体。因此,城镇体系规划应依据现状区域经济、社会、自然环境以及政策的特点,科学系统地规划城镇体系组织结构,包括等级规模结构、职能类型结构、地域空间结构,这也正是城镇体系规划的核心内容。

　　正如绪论中所提及的,传统的规划多依赖于定性分析方法,定量研究较少,即使拥有比较成熟的研究模型,也因数据处理的复杂,以及属性数据与空间数据分隔,从而限制定量方法的应用和专业模型的引入。现将GIS技术引入城镇体系组织结构规划中,利用GIS在海量数据管理与转换、信息检索、计算、聚类、叠加分析、专题制图等方面具有技术优势,与城镇体系组织结构相关研究理论和方法的模型耦合,能为规划师对城镇体系规划的量化研究与规划决策提供支持。

4.1　城镇体系等级规模结构的确定

　　区域城镇体系是一定地域范围内由一系列大、中、小不同规模的城镇聚集体[2]。不同发展阶段和地域的城镇群及其规模组合都有一定的等级规模结构特征。所谓等级规模结构,即城镇体系内上下不同层次、大小不等规模的城镇在质和量方面的组合形式[1]。合理安排划分区域内城镇数量、等级,使区域成为统一体系而有机协调发展是城镇体系规划最重要的任务之一,而等级规模结构规划工作的开始必须建立在对现状城镇体系等级规模结构的正确认知与区划的基础上。

4.1.1　城镇等级规模结构划分模型

　　在区域城镇体系中,各等级规模的城镇分布遵循一定的规律,根据统计分析可以得出相应的概率分布模型。国外对于城镇体系等级规模分布模型的研究由来已久，其成果代表有奥古斯特·勒施（August Losch）的不同等级市场区中心地数目研究、哲夫（G. K. Zipf）的位序—规模法则，贝里（Berry B. J. L.）的对数正态分布研究以及克里斯泰勒（W. Christaller）的六边形理论[13]。其中应用最广的是哲夫的位序—规模法则，该模型最早是由奥尔巴赫（Auerbach）于1913年提出的，而后在1949年哲夫根据前人工作成果总结成哲夫公式[1]：

$$K = P_i \times R_i^q \tag{4.1}$$

式中：K 是区域中最大的城镇人口数；P_i 是城镇 i 的城镇人口数；R_i 是城市 i 在此城镇序列中的位序；q 为集中指数，其值越大，说明城镇规模的集中程度越高。

　　传统的城镇体系规划就是根据上述模型原理，以城镇人口数作为城镇等级规模划分的衡量指标。不过随着城市研究的不断深入，学者们意识到现代城市的发育和城镇间联系日趋复杂，不同等级城镇的差别，不仅仅在于城镇人口数量级的差别，还体现在城镇的经济活动、行政职能、城镇用地等许多方面，如果要深入探讨城镇之间的相互作用和层次性，就必须具体考察各城镇的特定功能及其表现方式，从综合的角度去研究。因此，用多指标综合评价城镇的等级规模比单一应用城镇人口指标衡量更为精确和深刻。

　　评价指标是衡量评价对象的基本尺度，评价对象一般都涉及很多因素，任何单项指标都不能体现整体的状况，且指标因子彼此之间往往还存在着信息的重叠和类似，所以，综合评价的第一步需确定具体的评价指标，评价指标全体即构成一个评价指标体系。评价指标体系必须科学客观地反映主客观因素及其相关的各种信息，因此，选择具体的评价指标因子时，应遵守以下基本原则[68,69]：

　　(1) 客观性：所选定的具体指标应能够反映出影响评价对象特性的主要因素。

　　(2) 可测性：所确定指标值能够用直接或间接的方法测量和获取，特别是采用GIS技术应用多因子的综合评价时，每个指标取值不仅能够获取，而且能够定量，便于GIS进行空间分析和数据处理。

　　(3) 可比性：同一评价对象的各指标之间可以相互比较，以便能确定其相对优劣的程度。

　　(4) 简明性：所选择的各指标必须简单明了，使用方便，易于计算。

　　(5) 灵敏度：要求指标能够灵敏地反映评价对象在空间上的变化特征。

现实中影响城镇等级规模的因素(包括显性的与潜在的)有很多,除了传统的指标城镇人口规模之外,城镇的行政职能、空间范围、经济基础、投资环境都会产生影响作用,如具有较高行政级别部门的城镇(城关镇)相应的位于城镇体系等级较高的层次;城区空间范围与其规模成正比关系;经济的发达能刺激城镇规模的扩大;投资环境越好,表明城镇规模扩大的潜力越大。本书根据指标选择的基本原则,分别选取城镇总人口(因江阴非农人口统计与实际城镇人口有出入,故本书采用城镇总人口代替城镇人口指标)、行政级别、建设用地、从业人数、国民生产产值(GDP)、注册外资等6个指标构建城镇体系等级规模指标体系进行分析(表4-1)。

表4-1 城镇等级规模评价指标体系

指标因素	指标因子	说 明
人口规模	城镇总人口	反映城镇之间人口的规模差别,人口数越大,等级规模越大
行政职能	行政级别	反映城镇之间级别的规模差别,级别越高,等级规模越大
空间范围	建设用地	反映城镇之间空间的规模差别,建设用地越大,等级规模越大
社会经济	从业人数	反映城镇之间经济的规模差别,从业人数越多,等级规模越大
	GDP	反映城镇之间经济的规模差别,产值越大,等级规模越大
投资环境	注册外资	反映城镇之间投资的规模差别,注册资本越大,等级规模越大

上述指标共同作用影响着城镇的等级规模大小,但这些影响作用通常情况下并不是均等的,因此必须判断各指标的影响作用大小,对各指标进行加权处理,作用大的,权重就大,反之权重越小。对于权重的判断可采用R型因子分析法,其思路是首先将每个指标进行标准化处理,然后建立城镇与标准分值的矩阵,计算矩阵的特征值、贡献率和累积贡献率,从而判断指标体系的主因子及其权重。再利用指标的载荷矩阵求出指标的载荷值并作归一化处理,最后根据各指标在各主因子里的载荷值计算权系数,其计算方法如下[70]:

$$W_j = \sum_{i=1}^{n} F_i \times C_{ij} \qquad (4.2)$$

$$C_{ij} = \frac{T_{ij}}{\sum T_{ij}} \qquad (4.3)$$

式中:W_j是j指标的权系数;F_i是第i个主因子的权重;C_{ij}是j指标在第i主因子上的权重;n为主因子的个数;T_{ij}是j指标在主因子i上的载荷值,若

$T_{ij} < 0$，则认为 C_{ij} 为 0。

在确定每个指标的权重后，即可计算每个城镇的等级规模综合得分，其计算方法如下：

$$K_i = \sum_{j=1}^{n} W_j \times X_{ij} \tag{4.4}$$

式中：K_i 是城镇 i 的城镇等级规模综合分值，数值越大，表示城镇等级规模越大；W_j 表示第 j 项指标的权重值，数值越大，代表此项指标对等级规模的影响越大；X_{ij} 代表城镇 i 的第 j 项指标的标准分值；n 为评价指标数。其含义是将各城镇参评指标标准化分值乘以相应的权重再求和，其和即为各城镇的等级规模综合得分。城镇体系等级规模结构就是根据综合得分的数字分布特性进行划分。

4.1.2 现状城镇等级规模结构的划分

以江阴市为例，按照上述的等级规模结构评价方法，首先将江阴16镇的6个参评指标建立 16×6 矩阵（表4-2），其中城镇人口因非农人口的统计数据可能存在较大误差而采用城镇总人口数据[71]，城关镇记 100 分，一般建制镇记 50 分。

表 4-2　江阴城镇等级规模评价指标矩阵

城　镇	总人口（万人）	行政级别	建设用地（km²）	从业人数（万人）	GDP（亿元）	注册外资（万美元）
璜土镇	4.04	50	16.68	2.37	19.68	4 140
利港镇	5.86	50	13.92	3.24	37.82	15 950
申港镇	4.59	50	9.90	2.87	44.77	17 840
夏港镇	3.44	50	9.35	2.42	59.03	16 880
澄江镇	22.47	100	43.70	20.60	123.95	4 189
月城镇	4.23	50	9.42	2.37	20.79	3 480
青阳镇	6.63	50	17.75	3.02	31.10	4 121
霞客镇	10.82	50	27.09	7.33	48.36	2 983
南闸镇	5.18	50	10.82	2.64	28.25	1 278
云亭镇	4.29	50	11.64	4.30	28.14	1 186
华士镇	8.91	50	22.10	5.27	112.58	1 534
周庄镇	9.95	50	23.71	5.40	106.53	854

城　镇	总人口 （万人）	行政级别	建设用地 （km²）	从业人数 （万人）	GDP （亿元）	注册外资 （万美元）
新桥镇	2.41	50	7.13	3.98	48.60	1 615
长泾镇	5.54	50	15.93	2.58	23.03	1 162
顾山镇	5.51	50	17.13	4.84	26.61	733
祝塘镇	5.97	50	14.09	5.72	32.53	5 902

　　计算综合得分之前应消除各指标之间量纲差异，因此必须对原始数据进行标准化处理。标准化处理常用的方法有五种[72]，即概率单位法、线性插值法、百分位次法、指数法和秩次法，这些方法各有所长，应根据具体研究需要而选择适用方法。其中线性插值法、百分位次法、指数法均适用于正态或非正态分布的数据标准化，考虑到百分位次法标准化值在 0～100 间均匀分布，而指数法标准化值仅以一个标准值为依据，未考虑全部因子值的分布情况，因此本次计算采用线性插值法，其具体方法是以各指标中最大的值为100 分，则各指标的标准化分值计算公式如下：

$$X_{ij} = 100 \times \frac{a_{ij} - \min a_{ij}}{\max a_{ij} - \min a_{ij}} \tag{4.5}$$

式中：X_{ij} 是 i 城镇 j 指标的标准化分值；a_{ij} 是 i 城镇 j 指标的原始数据。

　　计算出各指标的标准化分值后，建立 16 镇标准化分值的 16×6 矩阵（见表 4-3）。

表 4-3　江阴城镇等级规模评价指标标准化分值矩阵

城　镇	总人口 （万人）	行政级别	建设用地 （km²）	从业人数 （万人）	GDP （亿元）	注册外资 （万美元）
璜土镇	8.13	0	26.11	0	0	19.92
利港镇	17.20	0	18.57	4.77	17.40	88.95
申港镇	10.87	0	7.57	2.74	24.06	100
夏港镇	5.13	0	6.07	0.27	37.74	94.39
澄江镇	100	100	100	100	100	20.20
月城镇	9.07	0	6.26	0	1.06	16.06
青阳镇	21.04	0	29.04	3.57	10.95	19.80
霞客镇	41.92	0	54.58	27.21	27.51	13.15
南闸镇	13.81	0	10.09	1.48	8.22	3.19

续表 4-3

城　镇	总人口 （万人）	行政级别	建设用地 （km²）	从业人数 （万人）	GDP （亿元）	注册外资 （万美元）
云亭镇	9.37	0	12.33	10.59	8.11	2.65
华士镇	32.40	0	40.94	15.91	89.10	4.68
周庄镇	37.59	0	45.34	16.62	83.29	0.71
新桥镇	0	0	0	8.83	27.74	5.16
长泾镇	15.60	0	24.06	1.15	3.21	2.51
顾山镇	15.45	0	27.34	13.55	6.65	0
祝塘镇	17.75	0	19.03	18.38	12.32	30.22

　　主因子的查找与载荷值计算应用 SPSS 软件来完成，在对指标标准化分值进行主因子分析，求出矩阵各指标的特征根、贡献率和累积贡献率之后，按累积贡献率大于 85% 的原则可发现矩阵变量主要受两个主因子的影响。根据公式(4.2)、(4.3)的计算方法，江阴市域等级规模评价的 6 个指标因子权重结果如表 4-4 所示。

表 4-4　江阴城镇等级规模评价权重表

城　镇	总人口	行政级别	建设用地	从业人数	国民生产总值	注册外资
权　重	0.17	0.18	0.17	0.18	0.16	0.14

　　根据公式(4.4)可计算各城镇等级规模评价的综合分值，其结果如表4-5 所示。

表 4-5　江阴城镇等级规模综合得分表

城　镇	璜土镇	利港镇	申港镇	夏港镇	澄江镇	月城镇	青阳镇	霞客镇
得　分	8.16	22.18	21.48	21.21	88.83	5.03	13.68	27.55
城　镇	南闸镇	云亭镇	华士镇	周庄镇	新桥镇	长泾镇	顾山镇	祝塘镇
得　分	6.09	7.26	30.24	30.51	6.75	7.82	10.78	15.76

　　在 GIS 数据库中应用自然分段法对综合评价得分进行分级，并作出城镇体系现状等级规模结构图(图 4-1)。经统计，江阴 16 镇可以划分为 3 个等级，其中一级城镇 1 个，为澄江镇；二级城镇 6 个，包括利港镇、申港镇、夏港镇、霞客镇、华士镇、周庄镇；三级城镇 9 个，包括璜土镇、月城镇、青阳镇、南闸镇、云亭镇、新桥镇、长泾镇、顾山镇、祝塘镇(表 4-6)。

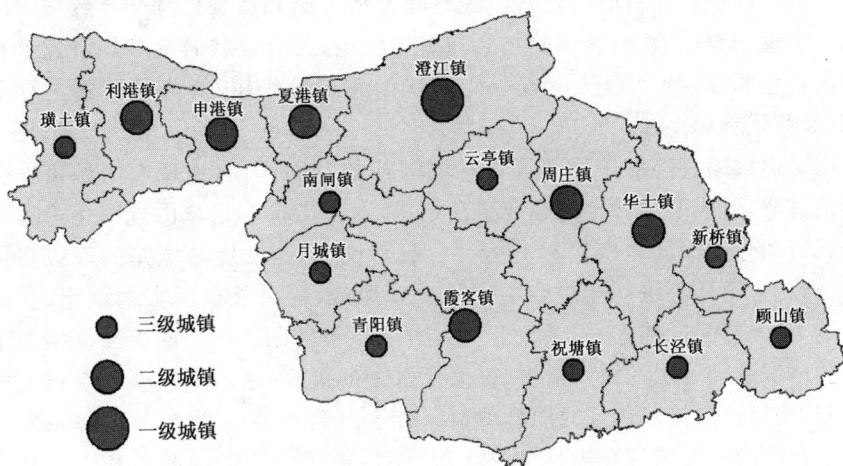

图 4-1 江阴城镇体系等级规模结构现状图

表 4-6 江阴市城镇等级规模统计表

等级规模	城镇数量（个）	同级城镇			城镇名称
		人口（万人）	平均人口（万人）	占城镇总人口（%）	
一	1	22.47	22.47	20.46	澄江
二	6	43.57	7.26	39.67	利港、申港、夏港、霞客、华士、周庄
三	9	43.80	4.87	39.87	璜土、月城、青阳、南闸、云亭、新桥、长泾、顾山、祝塘

从图 4-1 中可以看出，江阴城镇等级规模分布呈明显的北高南低态势，一、二级城镇主要分布于北部地区和东北部地区，三级城镇主要分布于南部地区与西端，这与江阴的经济格局是吻合的，即经济相对发达的地区，其城镇的等级规模较大，只有东部的新桥镇较为特殊，其经济水平在区域中属于较发达的，但因其镇域面积最小，城镇人口最少，因此仍定位为三级城镇。

4.2 城镇体系职能类型结构分析

所谓城镇职能，就是指城镇在国家或地区中所起的作用，其职能包括城镇的基本职能与主导职能[3]。城镇的基本职能主要体现在城镇的"三个中心"职能上，即作为国家机器载体的区域政治中心、作为经济实体的区域经济中心以及作为居民集中的居住区和生活地的区域文化中心。城镇是地域经济发展的产物,不同的地域发展条件、发展基础和发展过程会导致城镇间职能类型的地域差异,城镇除去它的基本职能,还有反映其地域经济发展特点的特色职能,特色职能在各职能中往往起主导作用,成为城镇的主导职能,又称优势职能。

受地域固有经济布局和人口移动规律的共同作用,地域内的城镇群会各司其职,形成某种特定的职能组合结构,这种结构与地域的城镇化进程和地域劳动分工深度是密切相关的。一般来说,职能发展与城镇的等级规模是一致的,不同等级规模决定不同的城镇职能,等级规模越大的城市,其职能越多、服务强度越大,职能组合应具有上下级的结构[3]。随着经济发展带来的地域劳动分工的深入发展、城市化水平的提高、区域城镇间联系愈来愈密切,使得地域城镇体系的职能类型组合也由简单趋于复杂,城镇体系的职能组合结构不仅表现在城镇的上下级联系,城镇间的横向联系和协作分工也趋于频繁和紧密。

综上所述,城镇除具备政治、经济、文化三大基本职能之外,还有其特色主导职能。城镇主导职能的差别直观反映为劳动分工与服务强度的差别,因此要研究城镇体系的职能类型结构,应首先明确各城镇的主导职能及其强度。本书通过建立职能类型的研究模型并基于 GIS 技术的支持对各城镇职能相对强度做比较分析,然后结合定性研究方法,对现状城镇的职能类型结构进行划分。

4.2.1 城镇体系职能类型的研究模型

城镇职能强度的研究方法有很多,英国城市地理学家卡特(H. Carter)曾经把城镇职能分类方法按发展顺序分为五种[73],即英国学者奥隆索(M. Auronsseau)提出的一般描述法、美国学者哈里斯(C. D. Harris)提出的统计描述法、美国学者纳尔逊(H. J. Nelson)提出的统计分析法、瑞典学者阿列克山德逊(Gunnar Alexanderson)提出的城镇经济基础研究法和美国学者贝利(Berry B. J. L.)的多变量分析法。本书采用纳尔逊(H. J. Nelson)的统计分析方法即区位熵分析法进行分析。

区位熵又称区域优势指数或区域专门化率,熵的意思是比率的比率,可用来评估区域内某一行业的规模水平和专门化程度[74]。区位熵模型(Mode of Locational Quotient,简称 LQ)最早是由美国学者哈盖特(P. Haggett)提出并用于人文地理的区位分析[73],主要是用来反映区域某部门的专门化程度以及某一地理区域的某一方面在高层次地理区位中的地位和作用。城镇体系职能类型结构规划可以借鉴此模型来分析某个城镇的某一经济部门在

区域中的地位和作用差异,其模型如下[13]:

$$LQ_{ij} = \frac{d_{ij}}{\sum\limits_{j=1}^{n} d_{ij}} \div \frac{D_j}{\sum\limits_{j=1}^{n} D_j} \qquad (4.6)$$

式中:LQ_{ij} 表示区位熵值;d_{ij} 表示区域 i 城镇 j 经济部门的指标;D_j 表示区域 j 经济部门的指标(可以是产值、从业人数、生产能力、产量等);n 为所选经济部门数。通常情况下,如果 $LQ_{ij} > 1$,则表明城镇 i 的 j 部门专门化水平或者说在区域地位相对较高,数值越大则水平越高;如果 $LQ_{ij} \leqslant 1$,则说明城镇 i 的 j 部门在区域中功能不明显。优势产业划分的临界值需视具体情况而定。

城镇间联系的社会经济形式与强度既客观地反映各城镇在特定地域中的地位和作用,也成为确定各城镇主要职能的重要指标。因此应选择城镇职能的代表性经济指标构建职能强度评价体系。经济行业类别划分可粗可细,如世界通用的三大产业的划分方法,而我国的统计制度按产业结构将三大产业分为 20 大类,每一类又有细分[75]。因此在研究中应根据研究需要与可行性选择合适的评价指标。

4.2.2　现状城镇体系职能类型的划分

以江阴市为例,考虑到数据的可获取性和可操作性,本书采用通用的三大产业指标即各镇第一、第二、第三产业的总产值为评价指标,对各镇的城镇职能做定量的总体轮廓性判断,再结合各镇的实际发展情况,参考各镇支柱型产业,定性地对现状城镇体系职能类型进行划分。应用 GIS 空间数据库中各镇三大产业的产值作出产业分布专题分析图表(表 4-7,图 4-2 见彩图)。

表 4-7　江阴各镇三大产业产值表　　　　　单位:亿元

城　镇	第一产业	第二产业	第三产业	城　镇	第一产业	第二产业	第三产业
璜土镇	3.01	51.41	12.87	南闸镇	0.80	43.10	26.58
利港镇	4.02	106.42	17.17	云亭镇	1.32	81.09	5.59
申港镇	1.88	137.97	67.11	华士镇	1.66	473.19	58.30
夏港镇	1.62	218.30	24.84	周庄镇	2.18	441.35	26.85
澄江镇	1.53	202.96	274.99	新桥镇	0.90	220.50	58.33
月城镇	1.13	49.75	8.34	长泾镇	1.47	62.57	24.03
青阳镇	3.60	90.60	30.32	顾山镇	1.47	80.11	11.09
霞客镇	5.40	150.09	30.60	祝塘镇	3.27	100.01	25.65

评价指标体系建立后,根据公式(4.6)计算各镇的三大产业的区位熵值,结果如表 4-8 所示。

表 4-8 江阴各镇三大产业区位熵表

城　镇	第一产业	第二产业	第三产业	城　镇	第一产业	第二产业	第三产业
璜土镇	4.21	0.99	0.88	南闸镇	1.05	0.79	1.74
利港镇	2.90	1.08	0.62	云亭镇	1.38	1.19	0.29
申港镇	0.84	0.86	1.50	华士镇	0.29	1.15	0.51
夏港镇	0.61	1.15	0.47	周庄镇	0.43	1.21	0.26
澄江镇	0.29	0.55	2.65	新桥镇	0.30	1.02	0.96
月城镇	1.76	1.09	0.65	长泾镇	1.54	0.92	1.26
青阳镇	2.66	0.94	1.13	顾山镇	1.46	1.12	0.55
霞客镇	2.67	1.04	0.76	祝塘镇	2.34	1.00	0.92

从图 4-3(见彩图)中可以看出,在江阴城镇体系中,农业(第一产业)占据产业优势地位($LQ_{ij} > 1$)的城镇有 10 个,分别为璜土镇、利港镇、月城镇、青阳镇、霞客镇、南闸镇、云亭镇、长泾镇、顾山镇、祝塘镇,其中璜土镇、利港镇、青阳镇、霞客镇和祝塘镇的优势尤为明显($LQ_{ij} > 2$)。

从图 4-4(见彩图)中可以看出,在江阴城镇体系中,工业(第二产业)占据产业优势地位的城镇有利港镇、夏港镇、月城镇、霞客镇、云亭镇、华士镇、新桥镇、周庄镇、顾山镇,其中夏港镇、云亭镇、华士镇、周庄镇的优势尤为明显($LQ_{ij} \geqslant 1.15$)。

从图 4-5(见彩图)中可以看出,在江阴城镇体系中,服务业(第三产业)占据优势地位的城镇有申港镇、澄江镇、青阳镇、南闸镇、长泾镇($LQ_{ij} > 1$),其中申港镇、澄江镇、南闸镇优势尤为明显($LQ_{ij} \geqslant 1.5$)。

城镇职能划分的定性依据是受多种因素影响的,定量的结果只是反映城镇职能的基本类型和倾向性,而且它还有可能受到单年经济数据统计的局限,未必能反映当年投入—产出以及未来的发展趋势。因此主导产业的确定还必须充分了解当地实情,如当地发展策略、重大项目的兴建、支柱企业的影响等。因此城镇的职能确定还需综合考虑其三产比值和当地实情加以确定。我国对县以下城镇经济职能的基本类型一般划为:交通枢纽型、工业型、旅游型、商贸型、集贸型、高效农业服务型[2]。本书拟在经济职能基本类型基础上,结合各镇三类产业区位熵值与产业发展现状,将各镇的主导职能划分为四种类型,分别是以农业生产为优势的农贸优势型城镇;农业和工业都具一定规模的农业—工业优势型城镇(简称农工优势型);以工业为优势产业的工业优势型城镇和第三产业发展水平相对较高的综合优势型城镇(表4-9)。

表 4-9 江阴城镇职能类型划分表

城　镇	璜土镇	利港镇	申港镇	夏港镇	澄江镇	月城镇	青阳镇	霞客镇
类　型	农贸型	工业型	综合型	工业型	综合型	农贸型	农工型	综合型
城　镇	南闸镇	云亭镇	华士镇	周庄镇	新桥镇	长泾镇	顾山镇	祝塘镇
类　型	农工型	工业型	工业型	工业型	工业型	农贸型	农工型	农贸型

各镇的具体职能类型划分说明如下:

(1)璜土镇:璜土镇的农业区位熵位居全市首位,主要产业包括农产品生产、化工、纺织、金属制品等。在农产品生产中,葡萄种植业尤为发达,生产的葡萄被评为江苏省名牌产品。工业在区域中不具优势,因此将璜土镇定位为农贸优势型城镇,其主导职能为葡萄种植和生态农业观光休闲。

(2)利港镇:利港镇的农业与工业都具有区位熵优势。主要产业有机械制造业、化工等,其中机械制造业拥有全国著名企业1家,考虑到在江阴发展战略中,利港镇将作为临港新城开发区的核心部分,并兴建机械制造工业园区,因此定位利港为工业优势型城镇,主导职能为机械制造。

(3)申港镇:申港镇的第三产业具有区位熵优势。虽然农业与工业的区位熵偏低,但其水产养殖、水稻种植、塑料制品业都是江阴的优势产业,表现出三产均衡发展,因此将申港镇定位为综合优势型城镇,主导职能是副食品生产加工与塑料制品。

(4)夏港镇:夏港镇的工业具有区位熵优势。主要产业有金属制品、纺织、机械等,其中钢铁制品在区域内具有优势,台湾大型钢铁企业在此投资,因此将夏港镇定位为工业优势型城镇,主导职能是钢铁制品。

(5)澄江镇:澄江镇为江阴城关镇。主要产业包括物流业、船舶业、化工、纺织等,其中江阴金属材料市场是全国十大金属批发市场之一,化工则拥有全国著名企业1家,因此将澄江镇定位为综合优势型城镇,主导职能是商贸、物流、化工。

(6)月城镇:月城镇的农业具有区位熵优势。主要产业包括农林业、金属制品、电子等。月城镇的工业在区域内不具优势,而考虑到月城的森林覆盖率高达41%[71],位居全市之首,因此将月城镇定位为农贸优势型城镇,主导职能是农林产品生产和生态观光。

(7)青阳镇:青阳镇的农业与第三产业具有区位熵优势。主要产业包括农产品加工业、金属制品业、化工、电子等,其中农产品加工业在区域内具有优势,因此将青阳镇定位为农工优势型城镇,主导职能是农产品加工。

(8)霞客镇:霞客镇的农业与工业具有区位熵优势。主要产业包括农产品生产、化纤、纺织、电子、机械。霞客镇拥有区域内最大的农业种植面积,粮食作物与经济作物比是 4∶6,农业经济规模比达到 70%;霞客镇有较好的工业基础,全镇 866 家工业企业收入超千万的有 214 个,但没有具显著优势的产业;霞客镇还是我国著名旅行家徐霞客的故里,具有较高价值的旅游资源。因此将霞客镇定位为综合优势型城镇,主导职能是农产品生产和观光旅游。

(9)南闸镇:南闸镇的农业与第三产业具有区位熵优势。主要产业包括农业、印刷包装、纺织服装、金属制品、机械制造、生物制药和塑料制品等产业。其中农产品生产业是区域内的优势产业,实现了水稻种植的全机械化,又考虑生物制药是区位内独一无二的,因此将南闸镇定位为农工优势型城镇,主导职能是农产品生产和生物制药。

(10)云亭镇:云亭镇的工业具有区位熵优势。主要产业包括机械制造、化工、服装、金属制品等,其中机械制造业具有区位优势,规划有机械制造工业集中区,因此将云亭镇定位为工业优势型城镇,主导职能是机械制造。

(11)华士镇:华士镇的工业具有区位熵优势。主要产业包括冶金、纺织、轻工制造、建材等。华士镇的工业总产值位居江阴各镇之首,虽然华士镇还拥有全市最大的农业规模经营面积,但综合考虑后,仍将华士镇定位为工业优势型城镇,主导职能是轻工制造。

(12)周庄镇:周庄镇的工业具有区位熵优势。主要产业包括纺织、轻工制造、橡胶塑料等,其中纺织业极为发达,拥有超亿元企业 2 个、超 5 000 万元企业 11 个,纺织企业产值占全市纺织工业产值总量的 82%,因此将周庄镇定位为工业优势型城镇,主导职能是纺织。

(13)新桥镇:新桥镇的工业具有区位熵优势。主要产业包括服装、化纤、纺织等,其中服装业是新桥的支柱产业,在区域中具有绝对优势,因此将新桥镇定位为工业优势型城镇,主导职能是服装业。

(14)长泾镇:长泾镇的农业与第三产业具有区位熵优势。主要产业包括农产品生产、农业服务、材料、建材、特种纸板、针织品、热能电力、操纵线、电子新材料等。长泾镇的工业较其他镇不具优势,因此将长泾镇定位为农贸优势型城镇,主导职能是农产品生产和农业服务。

(15)顾山镇:顾山镇的农业与工业具有区位熵优势。主要产业包括农林产品生产加工、服装、纺织、金属制品等。其中服装有中国名牌产品,而农业生产体系比较完善,科技含量高,因此将顾山镇定位为农工优势型城镇,主导职能是农林产品生产加工和服装业。

(16)祝塘镇:祝塘镇的农业具有区位熵优势。主要产业包括农业、金属制品、建材、印染等,其中农业发展蓬勃,因此将祝塘镇定位为农贸优势型城镇,主导职能是农产品生产。

以上类型划分都是相对而言的,事实上江阴市作为全国百强县之首(2008)[76],在我国属经济发达地区,各镇的一产在 GDP 中的比重都在 7％以下,除澄江镇三产超过二产,其余城镇的二产比重都在 61％以上[71],占有该镇产业结构的统治性地位,这表明江阴所有城镇都已达到了工业化后期阶段,理论上除澄江镇外都归为工业型城镇,上述划分是为了突出各镇主导产业。

将划分结果输入 GIS 数据库,位序以颜色由浅到深表示,得到江阴市域城镇体系现状职能类型划分图(图 4-6,见彩图)。

从图 4-6 中可以看出,江阴的产业优势有明显的南北格局,北部地区除璜土镇外,都具有工业发展优势,包括利港镇、夏港镇、云亭镇、周庄镇、华士镇、新桥镇,建议进一步强化其主导职能,并注重产业升级,形成外向型、深加工、高效益、大规模生产的工业格局;南部地区以及西北端的璜土镇具有农业发展优势,其中璜土镇、月城镇、祝塘镇、长泾镇具有农业生产优势,建议这些地区走高效农业之路,以高附加值种植业、养殖业为特色;而南闸镇、青阳镇、顾山镇具有农产品加工优势,建议这些镇的二、三产业以农业服务,如技术指导、产品加工及流通为发展方向;而澄江镇、申港镇、霞客镇具有三产的发展优势,在强化主导职能的基础上,应积极推进一、二产向三产的转移,实现"消费主导—服务业推动"增长模式。需注意的是,以上只是针对现状城镇职能类型的划分与建议,规划期内的城镇职能类型的最终划分与发展策略应在此基础上做进一步探讨。

4.3　城镇体系空间结构在规划中的应用

城镇体系的空间结构概括地说是指城镇体系内各个城镇在空间上的分布、联系及其组合状态,从本质上讲城镇体系空间结构是一定地域范围内经济和社会物质实体——城镇的空间组合形式,是地域经济结构、社会结构和自然环境(包括自然条件和自然资源)的空间投影[1]。同时,城镇体系的规模结构规划和职能类型规划实质上在最后都要落实在空间上,因而城镇体系空间结构规划也被认为是城镇体系规划观点与内容的集中体现[77]。中心地理论是城镇体系空间结构研究最基本的理论,根据中心地理论的原理,城镇体系的空间结构被看作是由一系列城镇围绕一个或多个中心城镇的结构,因此在城镇体系规划中,通常是在正确认识城镇体系现状空间结构类型的基础上,综合考虑城镇与城镇之间、城镇与交通网之间、城镇与区域之间的关系,合理规划区域城镇体系的空间布局,科学地划分城镇空间组合聚集区,以实现城镇空间组合上的优化。目前规划中空间结构的数字描述和实验分析方法还比较有限,并且往往受技术条件的限制而停留在理论或局部个别城市的层面上[78],对于区域的全面分析,特别是当研究区域中城镇数量较多时,由于涉及大量的数据处理与空间分析工作,常规的规划方法局限性越发明显。GIS 能够管理海量的多源多比例尺空间数据,具有强大的空间分析功能,同时易于专业模型的耦合,适宜应用于城镇体系的空间结构研究之中。本书基于 GIS 技术的支持,应用 GIS 的空间分析功能,探讨和判断城镇体系空间结构类型及划分空间组合聚集区的方法。

4.3.1 城镇体系空间分布特征研究

城镇体系空间分布是城镇体系空间结构的表现形式,理想模式下,区域内城镇的分布有三种基本类型[79]:

(1) 随机型:区域内城镇呈现随机型的分散式分布;

(2) 均匀型:每个城镇与最近的邻镇距离大致相等;

(3) 集聚型:区域内城镇分布成若干组群,每个组群内的城镇分布相对集中。

现实中区域内等级规模较低的城镇受等级规模较高的城镇集聚与辐射的作用,会围绕中心城镇形成一定的空间分布特征。若以中心城市的数量多少和组合方式为划分方法可以将城镇体系空间分布类型分为[1]:

(1) 单中心体系类型

单中心的城镇布局是源于中心城镇是区域内强力增长极,其发展很大程度上仅仅是中心城市的扩大,外围城镇发育不足,对中心城镇有明显的依赖性,如南京地区。

(2) 多中心体系类型

多中心的城镇体系是建立在现代交通流、信息流、资金流的基础上,区域内优势区位点较多,能产生 2 个以上的中心聚集地,整体呈轴向或群集的城镇体系发展模式,如苏锡常地区。

本书从城镇空间分布基本类型的研究和对城镇空间拓扑关系的观察两个角度入手,判断现状城镇空间分布类型。

4.3.2　现状城镇空间分布类型的判定

GIS 空间数据库能够建立城镇体系各要素的点、线、面的拓扑关系,并根据研究及分析需要提取要素图层数据,如交通道路、各类用地等叠合在一起为研究提供可视化平台,直观地反映城市建成区的空间拓展与分布情况、城镇与路网的关系等,以此初步判断城镇体系的分布类型(图 4-7,见彩图)。

从图 4-7 可以看出,江阴市城镇空间拓展未见有自中心镇向外发展、衰减的特征,说明周围城镇摆脱了对中心城镇的依赖性,是典型的苏锡常地区的多中心体系类型,除夏港镇因毗邻澄江镇有并入中心市区之趋势外,各镇均有不同规模程度的独立性的发展,其中尤以周庄镇、华士镇为最,两镇建设连绵成片,其建成区规模不亚于主中心澄江镇。总体上城镇沿交通线形成了"三横一纵"空间轴向分布格局,具有分散式线性布局特征,包括:

(1) 澄江镇、夏港镇、申港镇、利港镇、璜土镇的北部地区东—西横轴;

(2) 澄江镇、云亭镇、周庄镇、华士镇、新桥镇的西北—东南横轴;

(3) 顾山镇、长泾镇、祝塘镇、霞客镇、青阳镇的东—西横轴;

(4) 澄江镇、南闸镇、月城镇、青阳镇的北—南纵轴。

4.3.3　城镇空间组合研究

我国区域城镇体系空间结构规划的总体框架是"点—圈—区—线"的组合[2]。"点"指区域内每一个城镇;"圈"指城镇体系空间区域是由区域内一个或多个中心城市与受其辐射作用影响显著的周围城镇形成的空间组合;"区"为城镇密集区,一般发生在经济发展水平较高,城镇数量庞大的大都市圈内;"线"是指沿交通干线形成的区域产业带和城镇发展轴线。其中"圈"的规划内容意味着在确立区域中心城镇后,就必须确立以它们为中心的各个城镇圈(群),即划分城镇体系的空间组合聚集区,进而规划经济发展的主导方向。

关于城镇空间组合聚集区理论的研究模型有多种,如英国人口统计学家雷文茨(E. G. Ravenstein)提出的人口迁移模式、美国学者赖利(W. J. Reilly)提出的零售引力模型、美国学者康弗斯(P. D. Converse)又在赖利引力模型的基础上提出了断裂点(Breaking Point)公式以及美国地理学家乌尔曼(E. L. Ullman)提出的空间相互作用理论[1,2,13]。本书采用乌尔曼的空间相互作用理论和由此理论衍生的城镇间引力模型,基于 GIS 耦合该模型研究空间组合聚集区。

1）城镇间空间相互作用理论的引力模型

空间相互作用理论是乌尔曼在 1957 年提出的[79]。所谓城镇空间相互作用是指城镇之间发生的物资、人员、技术、信息等要素的交换。区域内城镇受城镇空间相互作用力的影响而组合成一定空间结构的有机体系[80]，因此，以空间相互作用理论为基础，定量分析区域城镇间相互作用及城镇辐射范围，对明晰城镇间空间相互联系和组合特征，划分空间组合聚集区具有指导意义。在空间相互作用理论的应用模型中，引力模型是该理论的基本模型，也是最常用的一个模型，其原理认为城镇间的相互作用与城镇间的距离成反比，与城镇规模成正比，其表达公式如下[81]：

$$I_{ij} = \frac{P_i \times P_j}{D_{ij}^b} \tag{4.7}$$

式中：I_{ij} 表示城镇 i 与城镇 j 的空间相互作用力；D_{ij} 表示城镇 i 与城镇 j 之间的距离；P_i、P_j 表示城镇 i、j 的规模（人口、经济）；b 为测量距离的摩擦指数。计算出的相互作用力强弱反映城镇之间联系的疏密，作为城镇空间组合聚集区划分的依据。

2）城镇空间组合聚集区的划分

在 GIS 技术的支持下，本书以江阴市域城镇体系为例，划分江阴市域城镇体系空间组合聚集区。研究首先需明确公式（4.7）中各指标与参数，衡量城镇规模 P 的指标选用上述规模结构评价的综合分值，城镇之间距离 D 的指标选用两者之间的公路距离，研究结果显示摩擦指数 b 一般在 0.5～3.0 之间变动[80]，它反映交通实际运输能力，道路等级越高，摩擦指数越低，本书将 b 统一取值为 2。

在 GIS 的空间数据库中建立道路线与城镇点的拓扑关系，可以快捷地计算出每两镇之间的距离，建立 16×16 交通距离矩阵，其结果如表 4-10。

表 4-10　江阴市各镇之间交通距离矩阵　　　单位：km

	澄江	璜土	利港	申港	夏港	云亭	周庄	南闸	月城	青阳	霞客	祝塘	长泾	顾山	新桥	华士
澄江	0															
璜土	23	0														
利港	19	9	0													
申港	13	10	10	0												
夏港	7	17	13	7	0											
云亭	12	33	30	23	17	0										

	澄江	璜土	利港	申港	夏港	云亭	周庄	南闸	月城	青阳	霞客	祝塘	长泾	顾山	新桥	华士
周庄	21	41	42	32	25	7	0									
南闸	8	26	22	16	9	17	23	0								
月城	15	33	29	19	18	20	24	7	0							
青阳	19	37	33	28	27	24	28	11	8	0						
霞客	22	41	37	31	25	20	18	19	16	9	0					
祝塘	28	49	46	39	33	16	13	23	21	18	10	0				
长泾	39	60	57	50	44	27	24	34	33	29	21	11	0			
顾山	41	67	64	57	51	34	31	41	40	36	28	18	8	0		
新桥	30	51	48	41	35	19	16	30	31	30	23	14	18	0		
华士	24	44	41	34	28	13	11	28	29	31	23	15	17	14	7	0
	澄江	璜土	利港	申港	夏港	云亭	周庄	南闸	月城	青阳	霞客	祝塘	长泾	顾山	新桥	华士

空间组合聚集区划分的原理是基于中心城市对周边城镇的影响。江阴的城镇体系属于多中心体系类型,本研究除选取一级中心城镇——澄江镇作为主中心城镇外,还需选择若干次中心城镇,原则上次中心城镇应在二级城镇中产生,并考虑与主中心城镇的距离因素。目前二级城镇有利港、申港、夏港、霞客、华士、周庄 6 镇,其中申港镇、霞客镇是其所在发展轴线上规模最大的城镇,距主中心城镇也最远,"西北—东南"轴上的周庄镇与华士镇规模相当,但华士镇距中心城镇更远,因此本书最终选择澄江镇、利港镇、霞客镇、华士镇作为空间聚集区划分的次中心城镇。按照公式(4.7)计算其余城镇与上述中心镇之间的空间相互作用力,将各镇与其作用力最大的中心城镇进行组合。经计算,结果如表 4-11 所示。

表 4-11　江阴城镇间空间相互作用力表　　距离单位:km

城　镇	与澄江镇距离	与利港镇距离	与霞客镇距离	与华士镇距离	与澄江镇的相互作用力	与利港镇的相互作用力	与霞客镇的相互作用力	与华士镇的相互作用力
璜土镇	23	9	41	44	1.37	2.23	0.13	0.13
申港镇	13	8	31	34	11.29	7.44	0.62	0.56
夏港镇	7	13	25	28	38.45	2.78	0.93	0.82
月城镇	15	29	16	29	1.99	0.13	0.54	0.18
青阳镇	19	33	9	31	3.37	0.28	4.65	0.43
南闸镇	8	22	19	28	8.45	0.28	0.46	0.23

城　镇	与澄江镇距离	与利港镇距离	与霞客镇距离	与华士镇距离	与澄江镇的相互作用力	与利港镇的相互作用力	与霞客镇的相互作用力	与华士镇的相互作用力
云亭镇	12	30	20	13	4.48	0.18	0.50	1.30
周庄镇	21	42	18	11	6.15	0.38	2.59	7.62
新桥镇	30	48	23	7	0.67	0.06	0.35	4.17
长泾镇	39	57	21	17	0.46	0.05	0.49	0.82
顾山镇	41	64	28	14	0.57	0.06	0.38	1.66
祝塘镇	28	46	13	15	1.79	0.17	2.57	2.12

　　根据中心镇与其余各镇相互作用力的大小,将江阴城镇体系划分为澄江、利港、霞客、华士四个空间组合聚集区(片区),若以地理方位表示则分别为澄西片区,包括利港镇、璜土镇 2 个城镇;澄中片区,包括澄江镇、申港镇、夏港镇、月城镇、南闸镇、云亭镇 6 个城镇;澄南片区,包括霞客镇、青阳镇、祝塘镇 3 个城镇;澄东片区,包括华士镇、周庄镇、新桥镇、顾山镇、长泾镇 5 个城镇(表 4-12、图 4-8,见彩图)。

表 4-12　江阴城镇体系空间组合聚集区划分表

组合片区	城镇数量	片区规模		城　镇
		人口数	占总人口比重(%)	
澄西片区	2	9.90	9	利港、璜土
澄中片区	6	44.20	40	澄江、申港、夏港、南闸、月城、云亭
澄南片区	3	23.42	21	霞客、青阳、祝塘
澄东片区	5	32.32	30	华士、周庄、新桥、顾山、长泾

4.4　城镇发展条件的综合分析及评价

　　区域城镇发展条件评价是城镇体系规划的内容之一,也是城镇等级规模的预测、空间布局与发展轴线的确定、中心城镇的选择等城镇体系组织结构规划内容制订的重要依据。本书综合考虑影响城镇发展的各种因素构建评价指标体系,结合定性描述的方法对这些指标(因子)加以量化处理,然后应用多因子叠合分析方法计算出各城镇发展条件的综合得分,并应用 GIS 空间数据库作城镇发展条件综合评价专题分析图。

4.4.1　城镇发展条件因子选择

城镇发展条件是多因素集合体[13]，从微观的建设用地条件到宏观性的区域区位条件都可能对城镇发展产生正面或负面的影响，因此，应根据城镇发展的一般规律和研究具体对象自身特点而有针对性地选择评价因子。以江阴市为例，本书拟从 7 个一级因子、13 个二级因子来综合评价江阴市各镇发展条件的优劣（表 4-13）。

表 4-13　城镇发展条件评价指标体系

一级因子	二级因子层	说　　　明
行政效应	行政级别	反映城镇发展受行政影响程度，行政级别越高，发展条件越好
交通条件	道路等级	反映陆运交通条件，道路级别越高，陆运交通条件越好，发展条件越好
	港　口	反映水运交通条件，有港口比无港口的发展条件更好
经济基础	二三产总值	反映城镇经济规模，数值越高，发展条件越好
	人均 GDP	反映城镇经济运行状况，数值越高，发展条件越好
	注册外资	反映城镇投资环境，数值越高，发展条件越好
人口规模	镇域总人口	反映城镇发展的基础规模，规模越大，发展条件越好
	城镇人口	反映城镇发展的基础规模，规模越大，发展条件越好
区位条件	中心城市影响	反映中心城市的带动力影响，距中心城市越近，发展条件越好
自然资源	用地条件	反映城镇发展适宜地的保证程度，适用地越多，发展条件越好
	水资源	反映城镇水资源的保证程度，水资源越丰富，发展条件越好
	生态资源	反映生态服务价值，资源价值越高，发展条件越好
历史资源	文保单位	反映城镇旅游业发展的潜力，资源价值越高，发展条件越好

1）行政效应

该因子包含二级因子层 1 个，为行政级别。城镇发展会受行政因素影响，区域中行政级别较高的城镇发展受行政作用的推动力也相应较大。

2）人口规模

该因子包含二级因子层 2 个，分别为城镇人口（非农人口）与镇域总人口。城镇化规模反映城镇发展的基础，城镇人口反映现状城镇化规模水平；镇域总人口反映城镇化规模的潜力，人口规模越大，劳动力资源越丰富，城镇发展条件越好。

3）经济基础

该因子包含二级因子层 3 个，分别为二三产总产值、人均 GDP、注册外资。城镇的经济基础影响城镇发展的快慢和吸引力,经济基础越好,城镇发展条件越好。二三产总产值反映城镇的工业、商业贸易等产业的集聚规模;人均 GDP 是衡量经济发展状况的重要指标,同时反映居民经济收入水平;注册外资反映城镇发展的潜在动力。

4)交通条件

该因子包含二级因子层 2 个,分别为道路等级与港口。城镇交通条件反映城镇与腹地和外界联系的便捷程度,城镇的发展很大程度上依赖于交通水平的提高。江阴地区交通运输方式有陆运与水运,陆运条件以道路级别衡量,包括铁路、公路;水运条件则考察城镇有无港口。

5)区位条件

该因子包含二级因子层 1 个,为中心城市影响。中心城市的扩散效应能够带动相邻地区的发展,根据中心城市的场强原理[82],距离中心城市较近的城镇在区域中具有发展的区位优势。

6)自然资源

该因子包含二级因子层 3 个,分别为用地条件、水资源与生态资源。自然资源是城镇发展的基础之一,自然资源丰富的城镇在发展中具有优势。城镇发展需要可建设用地的支撑,因此可将适宜用地的面积数量用于反映各镇发展用地的保证程度,以衡量土地资源的优势;江阴地区具有河网密布水资源丰富的特点,可将河流级别用于衡量各镇发展的水资源优势,生态资源具有生态服务价值,江阴的生态资源主要包括境内的各自然保护区,可将自然保护区的等级用以衡量生态资源的价值,价值越高,发展条件越好。

7)历史文化资源

该因子包含二级因子层 1 个,为文保单位。历史文化资源的开发与利用,可以促进当地旅游业的发展,进而促进城镇的发展。江阴是一个具有深厚历史文化底蕴的地区,各镇均有一定数量的文保单位,可将区域内文保单位的级别以及数量用以衡量历史文化资源的价值,价值越高,发展条件越好。

4.4.2 城镇发展条件因子权重的确定

在综合评价中各因子作用各不相同,因此需要对各因子赋予权重体现作用差别。实践经验表明,城镇发展的不确定因素很多,单纯地从统计数据上是难以辨别各因素在城镇发展中所起的作用,因此,必须充分重视专家的实践经验和理性判断,采用定量分析与定性方法相结合的方式确定因子权重。基于这种思路,本书采用特尔斐(Delphi)法和层次分析法相结合的方式对城镇发展条件的权重确定。

特尔斐法又称专家打分法,其基本思路是通过反复征求若干专家意见,对每一轮专家意见进行统计处理和反馈,逐步收敛专家的意见,最后集中于比较协调一致的结果上,以得到可信度较高的结论。该方法最重要的是对当轮专家评分合理性的判断,其判断方法是通过计算某单项专家评分的平均值和标准差 α,当标准差 $\alpha < 0.63$ 时,则认为评分效果优,该项无需再咨询,反之应根据平均值缩小打分范围继续咨询[13]。

层次分析(Analytic Hierarchy Process)法又称 AHP 法,它是一种把人的思维过程层次化、数量化、系统化,并结合数学方法为分析、决策、预报或控制提供定量依据,是定量与定性相结合的分析方法。其基本思路是基于排序原理,通过将复杂问题分解成相互关联的各个有序层次,使各层次系统化、条理化,对每一层次中每两个不同元素的相对重要性给以定量表示(通常以 1～9 标量),然后建立判断矩阵,进行层次排序,利用数学方法对排序结果进行分析辅助决策。

具体步骤可分为 4 步[83,84]:

1) 建立递接层次结构模型

AHP 要求的递阶层次结构一般由以下三个层次组成:

(1) 目标层(最高层):指问题的预定目标,一般只有一个元素;

(2) 准则层(中间层):指影响目标实现的准则,其含义为实现目标的中间环节,可由若干层次组成,包括所需考虑的准则、子准则;

(3) 措施层(最低层):指促使目标实现的措施或决策方案。

此步骤的关键是要判断影响目标实现的准则以及它们之间的相互关系,即哪些是主要准则,哪些是次要准则,哪些是隶属于某准则的子准则,根据这些关系将各准则分成不同层次和组。不同层次元素间一般存在隶属关系,即上一层元素由下一层元素构成,并对下一层元素起支配作用;而同一层元素形成若干组,同组元素性质相近,一般隶属于同一个上一层元素(受上一层元素支配),不同组元素性质不同,一般隶属于不同的上一层元素。

明确各个层次的因素及其位置,并将它们之间的关系用连线连接起来,就构成了递阶层次结构(图 4-9)。

2) 构建重要度判断矩阵

在确定研究对象的递阶层次结构后,需要构建判断矩阵以衡量具有同组关系的元素对上一层次隶属元素的影响比重。其方法是将一个具有向下

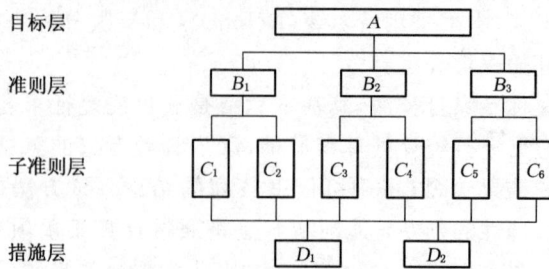

图 4-9　递阶层次示意图

隶属关系的元素作为判断矩阵的第一个元素(位于左上角),隶属于它的各个元素依次排列在其后的第一行和第一列,从而两两比较其重要度。

此步骤的关键在于判断矩阵的填写,其原理是要同时判断同组各因素重要性高低次序并不容易,但如果只是两两比较就能相对简单许多。填写过程采用特尔斐法请专家打分判别两两比较的重要性,哪个重要,重要多少,一般重要性程度按 1~9 赋值(表 4-14)。

表 4-14　重要性标度含义表

重要性标度	含　　　义
1	表示两个元素相比,具有同等重要性
3	表示两个元素相比,前者比后者稍重要
5	表示两个元素相比,前者比后者明显重要
7	表示两个元素相比,前者比后者强烈重要
9	表示两个元素相比,前者比后者极端重要
2,4,6,8	表示上述判断的中间值
倒　数	若元素 i 与元素 j 的重要性之比为 a_{ij},则元素 j 与元素 i 的重要性之比为 $a_{ji} = 1/a_{ij}$

设填写后的判断矩阵为 $A = (a_{ij})_{n \times n}$,判断矩阵具有如下性质:

(1) $a_{ij} > 0$;

(2) $a_{ji} = 1/a_{ij}$;

(3) $a_{ii} = 1$。

根据上面性质,判断矩阵具有对称性,因此在填写时,通常先填写 $a_{ii} = 1$ 部分,然后再判断及填写上三角形或下三角形的 $n(n-1)/2$ 个元素(表 4-15)。

在特殊情况下,判断矩阵可以具有传递性,即满足等式:$a_{ij} \times a_{jk} = a_{ik}$。

当上式对判断矩阵所有元素都成立时,称该判断矩阵为一致性矩阵。

表 4-15　判断矩阵表

A	B_1	B_2	B_3
B_1	1	1/3	1/3
B_2		1	1
B_3			1

B_1	C_1	C_2
C_1	1	1
C_2		1

B_2	C_3	C_4
C_3	1	3
C_4		1

B_3	C_5	C_6
C_5	1	3
C_6		1

C_1	D_1	D_2
D_1	1	5
D_2		1

C_2	D_1	D_2
D_1	1	3
D_2		1

C_3	D_1	D_2
D_1	1	1/5
D_2		1

C_4	D_1	D_2
D_1	1	7
D_2		1

C_5	D_1	D_2
D_1	1	1/5
D_2		1

C_6	D_1	D_2
D_1	1	1/3
D_2		1

3）层次单排序与一致性检验

层次单排序是指每一个判断矩阵各因素针对其准则的相对权重,计算权重有和法、根法、幂法等,最常用的是和法。

和法的原理是对于一致性判断矩阵,每一列归一化后就是相应的权重。对于非一致性判断矩阵,每一列归一化后近似其相应的权重,再对这 n 个列向量求取算术平均值作为最后的权重。

前面提到,在特殊情况下矩阵具有传递一致性。一致性的本质是反映重要度递阶性规律,即两两比较时 A 比 B 重要,B 比 C 重要,因此 A 比 C 重要。虽然并不要求所有判断矩阵都必须具有严格数字上的传递一致性,但也决不能违反一致性原理,出现 C 比 A 重要的结果,因此要求矩阵需满足大体上的一致性,即必须对矩阵进行一致性检验,判断矩阵的合理性。

通常对矩阵进行一致性检验,判断矩阵合理性的指标为随机一致性比,简称为 CR(Consistency Ratio),它是一致性指标 CI(Consistency Index)和随机一致性指标 RI(Random Index)的比值,即 CR = CI/RI,其中 CI = $(\lambda_{\max} - n)/(n - 1)$,RI 可以查同阶平均随机一致性表获取。当随机一致性检验结果小于 0.1 时,则认为矩阵构建合理,否则需要对矩阵进行修正。

4）层次总排序与一致性检验

层次总排序是指将层次单排序结果,即每一个判断矩阵各因素针对目标层(最上层)的相对权重,采用从上而下的方法,逐层合成,得到自目标层以下各层(特别是最低层)对目标层的权重,从而达到决策目的。

    本书的城镇发展条件综合评价不涉及方案决策问题且同组二级因子较少,因此在赋权重过程中对一级因子采用 AHP 法赋权,对二级因子的权重采用特尔斐法直接赋权重。一级因子权重判定实际上就是层次单排序过程,按上述步骤 2、3 即可计算得到权重结果(表 4-16)。经济与交通是现代城市发展作为最重要的两个要素,位于序位前列;自然资源反映了城市发展的容量,也具有相当的重要性,排在经济与交通之后;江阴城镇体系具有多中心体系的特点,因此区位条件、行政效应的重要性相对较弱,排在序位后列;历史文化资源在城市发展中主要体现的是其旅游价值,旅游业不是江阴的主导产业,因此在七个因子中重要性最小,位于序位末尾,从而构成城镇发展条件评价指标 AHP 判断矩阵的重要性总体排列顺序表。

表 4-16　城镇发展条件评价指标一级因子 AHP 判断矩阵

因　子	经济基础	交通条件	自然资源	人口规模	区位条件	行政效应	历史文化资源	权　重
经济基础	1	3	5	6	7	8	9	0.42
交通条件		1	3	4	5	6	8	0.24
自然资源			1	3	4	6	7	0.15
人口规模				1	2	4	5	0.08
区位条件					1	3	4	0.06
行政效应						1	2	0.03
历史文化资源							1	0.02

＊ 随机一致性检验结果 CR = 0.06

4.4.3　评价数据库的建立

    城镇发展条件的综合评价是基于计算城镇发展条件的综合分值实现的,因此必须对上述指标逐一量化赋值,建立评价单因子专题数据库。根据赋值方法的区别,可以将评价指标分为两类,一类是本身具有明确统计数据属性的指标,如人口规模、经济条件、适宜建设用地面积等,可以参照城镇规模结构的方法,以最大值为 100 分,对数据进行标准化处理,消除评价指标因子的量纲差别;另一类指标因子是没有统计数据属性的指标,如行政效应、交通条件、区位条件、水资源、旅游资源等,此类指标的量化方法是依靠定性分析划分等级,然后分级赋值。其中区位条件指标为特例,该指标以距离中心城市的距离衡量,虽然有具体数值,但仍作为第二类指标处理。根据江阴的实际情况,各指标的量化打分标准如表4-17所示。

表4-17 城镇发展条件软指标评分标准

一级因子	二级因子	等级序列	打 分 方 法	权 重	
行政效应	行政级别	1	城关镇赋100分	0.03	
		2	一般镇赋50分		
交通条件	道路等级	1	有高速出口、铁路站点的城镇赋100分	0.8	0.24
		2	有高速出口的城镇赋80分		
		3	最高道路等级为省道的城镇赋60分		
		4	其余城镇赋40分		
	港 口	1	有港口的城镇赋100分	0.2	
		2	无港口的城镇赋0分		
经济基础	二三产总值	—	对各镇经济统计数据进行标准化处理,赋值并分级	0.4	0.42
	人均GDP	—		0.4	
	注册外资	—		0.2	
人口规模	镇域总人口	—	对各镇人口统计数据进行标准化处理,赋值并分级	0.5	0.08
	城镇人口	—		0.5	
区位条件	中心城市影响	1	距城关镇0~5 km(包括城关镇)赋100分	0.06	
		2	5~10 km赋80分		
		3	10~20 km赋60分		
		4	20~30 km赋40分		
		5	>30 km赋20分		
自然资源	适宜用地	—	对各镇适宜建设用地面积统计数据进行标准化处理,赋值并分级	0.5	0.15
	水资源	1	长江沿岸城镇赋100分	0.3	
		2	最高级别为四级航道的城镇赋80分		
		3	最高级别为五级航道的城镇赋60分		
		4	最高级别为六级航道的城镇赋40分		
	生态资源	—	采取每单位赋值的方法,统计各镇自然风景区总分并做标准化处理,其中国家级风景区每个10分,市级5分,县级1分	0.2	
历史文化资源	文保单位	—	采取每单位赋值的方法,统计各镇文保单位总分并做标准化处理,其中每个国家级文保单位得10分,省级5分,市(县)级3分,未定级1分	0.02	

1）分级赋值因子

（1）道路等级因子

江阴市陆运交通体系道路类型主要包括铁路、高速公路、省道、县道等。其中设有铁路站点的城镇有澄江、月城 2 镇；设有高速路出口的有澄江、月城、霞客、周庄、华士、新桥 6 镇；境内有省道通行的城镇有璜土、利港、申港、夏港、澄江、南闸、月城、青阳、云亭、周庄、华士、顾山等 12 镇；境内仅有县道通行的有祝塘、长泾 2 镇（图 4-12，见彩图）。

根据标准，各镇得分如表 4-18 所示。

表 4-18　江阴各镇道路等级因子评分表

城　镇	璜土镇	利港镇	申港镇	夏港镇	澄江镇	月城镇	青阳镇	霞客镇
得　分	60	60	60	60	100	100	60	80
城　镇	南闸镇	云亭镇	华士镇	周庄镇	新桥镇	长泾镇	顾山镇	祝塘镇
得　分	60	60	80	80	80	40	60	40

（2）港口因子

江阴拥有港口设施的城镇为长江沿岸城镇，计璜土、利港、申港、夏港、澄江 5 镇，则根据评分标准，上述 5 镇得 100 分，其余镇不得分（表 4-19）。

表 4-19　江阴各镇港口因子评分表

城　镇	璜土镇	利港镇	申港镇	夏港镇	澄江镇	月城镇	青阳镇	霞客镇
得　分	100	100	100	100	100	0	0	0
城　镇	南闸镇	云亭镇	华士镇	周庄镇	新桥镇	长泾镇	顾山镇	祝塘镇
得　分	0	0	0	0	0	0	0	0

（3）行政级别因子

江阴 16 镇中澄江镇为城关镇，根据评分标准澄江镇得 100 分，其余各镇得 50 分（表 4-20）。

表 4-20　江阴各镇行政级别因子评分表

城　镇	璜土镇	利港镇	申港镇	夏港镇	澄江镇	月城镇	青阳镇	霞客镇
得　分	50	50	50	50	100	50	50	50
城　镇	南闸镇	云亭镇	华士镇	周庄镇	新桥镇	长泾镇	顾山镇	祝塘镇
得　分	50	50	50	50	50	50	50	50

（4）中心城市影响因子

在数据库中可以查询各镇与城关镇（澄江镇）的空间直线距离（图 4-11，

表4-21）。其中与城关镇（含城关镇）距离在0～5 km范围内的有澄江、夏港2镇，距离在5～10 km范围内的城镇有南闸、云亭2镇，距离在10～20 km范围内的城镇有利港、申港、月城、青阳、霞客、周庄6镇，距离在20～30 km范围内的璜土、华士、新桥、长泾、祝塘5镇，距离在30 km以上的城镇有顾山1镇（表4-22）。

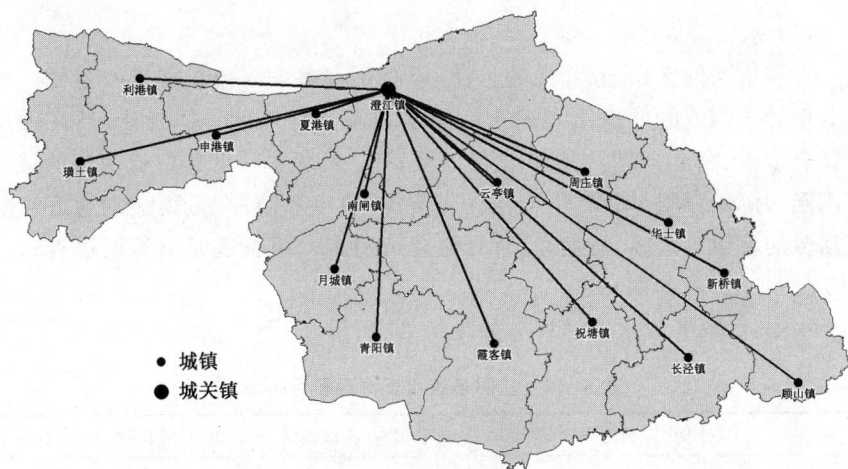

图4-11 江阴各镇与城关镇的空间距离图

表4-21 江阴各镇与城关镇的空间直线距离 单位：km

城　镇	璜土镇	利港镇	申港镇	夏港镇	澄江镇	月城镇	青阳镇	霞客镇
距　离	22	17	12	5	0	13	17	19
城　镇	南闸镇	云亭镇	华士镇	周庄镇	新桥镇	长泾镇	顾山镇	祝塘镇
距　离	7	10	21	15	26	27	34	21

表4-22 江阴中心城市影响因子等级序列

距城关镇	城　镇
0～5 km	澄江、夏港
5～10 km	南闸、云亭
10～20 km	利港、申港、月城、青阳、霞客、周庄
20～30 km	璜土、华士、新桥、长泾、祝塘
>30 km	顾山

根据标准，各镇得分如表4-23所示。

表 4-23　江阴各镇中心城市影响因子评分表

城　镇	璜土镇	利港镇	申港镇	夏港镇	澄江镇	月城镇	青阳镇	霞客镇
得　分	40	60	60	100	100	60	60	60
城　镇	南闸镇	云亭镇	华士镇	周庄镇	新桥镇	长泾镇	顾山镇	祝塘镇
得　分	80	80	40	60	40	40	20	40

（5）水资源因子

江阴市河网密布，除北面的长江，境内还有多条河流纵横流经各镇。可将其中骨干河流的航道级别用于衡量水资源优劣程度。据统计，长江沿岸城镇有璜土、利港、申港、夏港、澄江 5 镇；有最高级别为四级航道河流的城镇有南闸、月城、青阳、周庄、华士、长泾、新桥、顾山 8 镇；有最高级别为五级航道河流的城镇有霞客、祝塘 2 镇；有最高级别为六级航道河流的城镇有云亭 1 镇（图 4-12，见彩图）。

根据标准，各镇水资源评分如表 4-24 所示。

表 4-24　江阴各镇水资源因子评分表

城　镇	璜土镇	利港镇	申港镇	夏港镇	澄江镇	月城镇	青阳镇	霞客镇
得　分	100	100	100	100	100	80	80	60
城　镇	南闸镇	云亭镇	华士镇	周庄镇	新桥镇	长泾镇	顾山镇	祝塘镇
得　分	80	40	80	80	80	80	80	60

（6）生态资源因子

江阴市拥有国家级、市级、县级等各级自然生态功能保护区 13 处（表 4-25），分布在澄江、利港、申港、夏港、霞客、南闸、云亭、月城、祝塘等 9 镇中，总面积 62.90 km²，占市域面积的 6.37%（图 4-13）。

表 4-25　江阴市域自然生态保护区一览表[48]

序　号	生态功能保护区名称	所 在 地 区	级　别
1	黄山要塞森林公园	江阴市区	国家级
2	定山风景名胜区	新城东开发区、周庄镇、云亭镇	县级
3	长山风景林	新城东开发区	县级
4	香山风景林地	新城东开发区	国家级
5	蟠龙山低山生态公益林	新城东开发区	市级
6	崎山郊野公园	江阴市区、云亭镇	县级
7	花山森林公园	江阴市区、南闸镇、云亭镇	县级

序 号	生态功能保护区名称	所 在 地 区	级 别
8	白石山森林公园	夏港镇、南闸镇、申港镇	县级
9	秦皇山生态修复区	南闸镇、月城镇	县级
10	砂山、龟山森林公园	华士镇	县级
11	毗山森林公园	云亭镇、周庄镇	县级
12	马镇湿地保护区	霞客镇、祝塘镇	县级
13	长江(江阴市)重要湿地	利港镇、江阴市区、新城东开发区	县级

注:江阴市区和新城东开发区均属于澄江镇管辖

图 4-13 江阴自然生态保护区市域分布图

根据评分标准,各镇生态资源评分如表 4-26 所示。

表 4-26 江阴各镇生态资源因子评分表

城 镇	璜土镇	利港镇	申港镇	夏港镇	澄江镇	月城镇	青阳镇	霞客镇
得 分	0	1	1	1	31	1	0	1
城 镇	南闸镇	云亭镇	华士镇	周庄镇	新桥镇	长泾镇	顾山镇	祝塘镇
得 分	3	4	1	2	0	0	0	1

(7) 文保单位因子

江阴市的文物保护单位整体丰厚,拥有国家级、省级、市(县)级以及尚未定级的文保单位共 131 处(图 4-14)。根据评分标准,再叠合各镇文保单位数量量化累加,可得到各镇关于文保单位因子评分(表 4-27)。

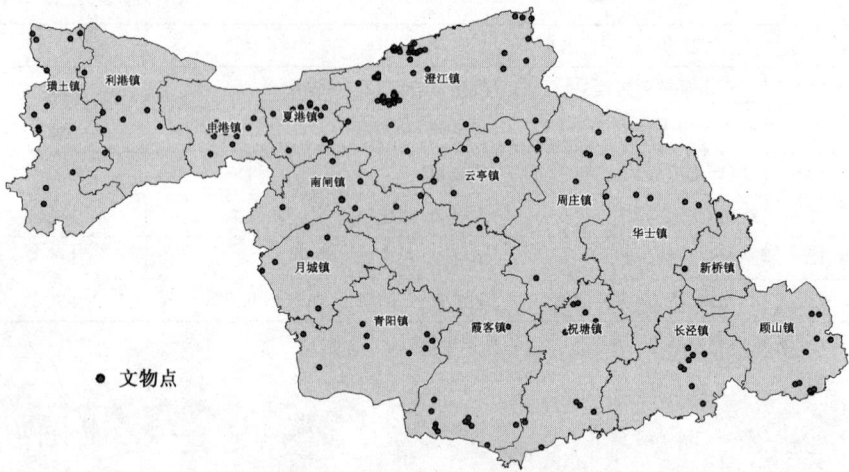

图 4-14 江阴文保单位分布图

表 4-27 江阴市各镇域的文物价值富藏度一览表[48]

文物等级	国家级	省 级	市(县)级	未定级	总 分
璜土镇	0	0	4	11	23
利港镇	0	0	1	5	8
申港镇	0	0	0	14	14
月城镇	0	0	1	5	8
夏港镇	0	0	3	10	19
霞客镇	1	0	6	6	34
长泾镇	0	1	2	5	16
青阳镇	0	0	5	4	19
南闸镇	0	0	1	11	14
云亭镇	0	1	0	5	10
祝塘镇	0	0	2	8	14
周庄镇	0	1	5	4	24
华士镇	0	0	1	4	7
新桥镇	0	0	1	1	4
顾山镇	0	0	4	6	18
澄江镇	0	15	11	32	140
合 计	1	18	47	131	—

2) 标准化处理因子

对上述每单位赋值的指标(生态资源因子和文保单位因子)以及统计数据指标(表4-28)需进行标准化处理以消除量纲的影响。考虑到分级赋值指标最低分大于0(除港口设施),因此此处标准化宜采用指数法,满分为100,发展条件的标准化分值计算公式如下:

$$X_{ij} = 100 \times \left(\frac{a_{ij}}{\max a_{ij}} \right) \tag{4.8}$$

式中：X_{ij} 是 i 城镇 j 指标的标准化分值；a_{ij} 是 i 城镇 j 指标的数据。

表 4-28　江阴城镇发展条件统计性指标数据表[71]

城　镇	城镇总人口(万人)	非农人口(万人)	适宜用地(km²)	人均GDP(亿元/万人)	二三产总值(亿元)	注册外资(万美元)
璜土镇	4.04	2.31	58.94	4.85	64.28	4 140
利港镇	5.86	0.76	57.30	6.53	123.59	15 950
申港镇	4.59	1.07	35.39	10.41	205.08	17 840
夏港镇	3.44	0.33	24.31	17.28	243.14	16 880
澄江镇	22.47	9.14	96.29	10.40	477.95	4 189
月城镇	4.23	0.58	25.80	4.90	58.09	3 480
青阳镇	6.63	1.73	33.24	4.58	120.92	4 121
霞客镇	10.82	2.39	69.31	4.47	180.69	2 983
南闸镇	5.18	1.27	29.43	5.54	69.68	1 278
云亭镇	4.29	0.82	26.80	6.54	86.68	1 186
华士镇	8.91	1.85	67.28	12.59	531.49	1 534
周庄镇	9.95	3.66	64.75	10.76	468.20	854
新桥镇	2.41	0.73	14.23	20.60	278.83	1 615
长泾镇	5.54	1.12	13.43	4.52	86.60	1 162
顾山镇	5.51	1.75	22.90	4.82	91.20	733
祝塘镇	5.97	1.53	37.23	5.46	125.66	5 902

最终江阴城镇发展条件各指标的分值汇总如表4-29所示。

表4-29　江阴各镇城镇发展条件评分表

城镇	行政级别	人口规模		经济基础			交通条件		区位条件	自然资源			历史文化资源
		城镇总人口	非农人口	二三产总产值	人均GDP	注册外资	道路等级	港口设施		适宜用地	水资源	生态资源	
璜土镇	50	17.98	25.27	12.09	23.54	23.21	60	100	40	61.21	100	0	16.43
利港镇	50	26.08	8.32	23.25	31.70	89.41	60	100	60	59.51	100	3.23	5.71
申港镇	50	20.43	11.71	38.59	50.53	100	60	100	60	36.75	100	3.23	10.00
夏港镇	50	15.31	3.61	45.75	83.88	94.62	60	100	100	25.25	100	3.23	13.57
澄江镇	100	100	100	89.93	50.49	23.48	100	100	100	100	100	100	100
月城镇	50	18.83	6.35	10.93	23.79	19.51	100	0	60	26.79	80	3.23	5.71
青阳镇	50	29.51	18.93	22.75	22.23	23.10	60	0	60	34.52	80	0	13.57
霞客镇	50	48.15	26.15	34.00	21.70	16.72	80	0	60	71.98	60	3.23	24.29
南闸镇	50	23.05	13.89	13.11	26.89	7.16	60	0	80	30.56	80	9.69	10
云亭镇	50	19.09	8.97	16.31	31.75	6.65	60	0	80	27.83	40	12.92	7.14
华士镇	50	39.65	20.24	100	61.12	8.60	80	0	40	69.87	80	3.23	5
周庄镇	50	44.28	40.04	88.09	52.23	4.79	80	0	60	67.24	80	6.46	15
新桥镇	50	10.73	7.99	52.46	100	9.05	80	0	40	14.78	80	0	2.86
长泾镇	50	24.66	12.25	16.29	21.94	6.51	40	0	40	13.95	80	0	11.43
顾山镇	50	24.52	19.15	17.16	23.40	4.11	60	0	20	23.78	80	0	12.86
祝塘镇	50	26.57	16.74	23.64	26.50	33.08	40	0	40	38.66	60	3.23	10

4.4.4 综合评价与分析

城镇发展条件综合评价的基本流程为"二级因子——一级因子—多因子综合"(图 4-15),首先根据二级因子与一级因子的所属关系,将二级因子综合得分乘以对应权重得到一级因子各项单因子评价结果(得分),然后再将各一级因子乘以对应权重得到城镇发展条件的综合评价结果。

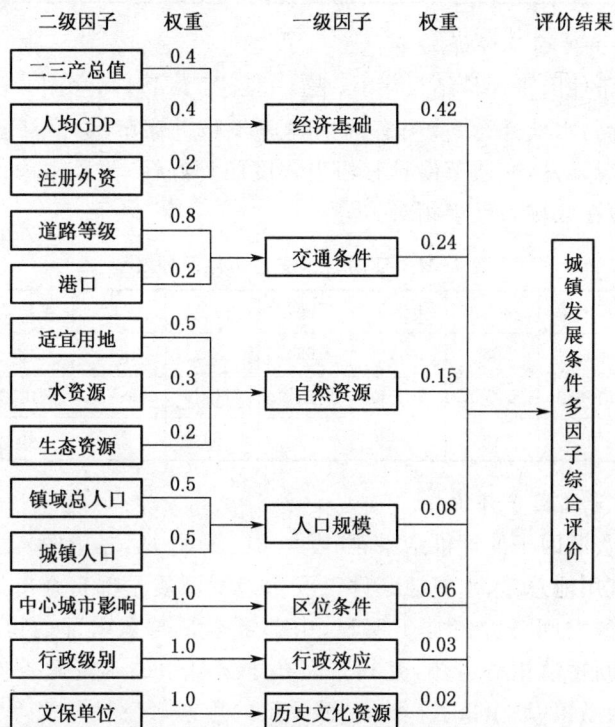

图 4-15　江阴城镇发展条件多因子综合评价流程示意图

1) 经济基础因子评价

从经济基础的评价结果(表 4-30,图 4-16,见彩图)来看江阴各镇发展条件具有"北高南低"的空间分异特征,北部地区较南部地区具有经济基础优势。其中夏港镇与华士镇是得分最高的两个镇,优势相对最强,而璜土镇、南闸镇、云亭镇、月城镇、长泾镇、顾山镇的经济基础条件相对劣势。经济相对优势的影响因素也有空间分异性,北部地区的利港镇、申港镇、夏港镇拥有区域规模最大的注册外资(89.41、100、94.62);东北部澄江镇、周庄镇、华士镇拥有区域最高的二三产总值(89.93、88.09、100);东南部新桥镇则源自其区域最高的人均 GDP(100)。

表 4-30 江阴各镇经济基础条件评分表

城　镇	璜土镇	利港镇	申港镇	夏港镇	澄江镇	月城镇	青阳镇	霞客镇
得　分	18.90	39.86	55.65	70.78	60.79	17.79	22.57	25.62
城　镇	南闸镇	云亭镇	华士镇	周庄镇	新桥镇	长泾镇	顾山镇	祝塘镇
得　分	17.43	20.55	66.17	57.09	62.80	16.60	17.04	26.68

2）交通条件因子评价

从交通条件因子评价结果来看(表 4-31，图 4-17，见彩图)，江阴的交通建设水准较高，水陆并行，境内有两条高速公路贯穿市域，沿江省道也具备快速路的路况条件，交通条件具有相当程度的均好性，只是东南部地区的祝塘镇、长泾镇在区域中处于相对劣势。

表 4-31 江阴各镇交通条件评分表

城　镇	璜土镇	利港镇	申港镇	夏港镇	澄江镇	月城镇	青阳镇	霞客镇
得　分	68	68	68	68	100	80	48	64
城　镇	南闸镇	云亭镇	华士镇	周庄镇	新桥镇	长泾镇	顾山镇	祝塘镇
得　分	48	48	64	64	64	32	48	32

3）自然资源因子评价

从自然资源因子的评价结果看(表 4-32，图 4-18，见彩图)，澄江镇占尽优势，其适宜用地总量、水资源条件以及生态资源质量都是全市最好的。总体上自然资源空间分异特征不明显，中部云亭镇与东南部的祝塘镇、长泾镇、顾山镇、新桥镇相对劣势，究其原因在于云亭镇的水资源条件是区域相对最差的，云亭镇、顾山镇、祝塘镇、长泾镇的生态敏感性较高[21]，适宜用地较少，新桥镇的劣势在于它是江阴地区镇域面积最小的城镇。

表 4-32 江阴各镇经自然资源条件评分表

城　镇	璜土镇	利港镇	申港镇	夏港镇	澄江镇	月城镇	青阳镇	霞客镇
得　分	60.61	60.42	49.04	43.29	100	38.06	41.26	54.66
城　镇	南闸镇	云亭镇	华士镇	周庄镇	新桥镇	长泾镇	顾山镇	祝塘镇
得　分	41.28	28.58	59.60	58.96	31.39	30.97	35.89	38.00

4）人口规模因子评价

从人口规模条件的评价结果看(表 4-33，图 4-19，见彩图)，市区所在澄江镇占有区域中的统治地位，区域总体上具有一定的中间高、两端低的分布特征,但并不明显,东、西两端的璜土镇、顾山镇的人口规模等级位于中间序列。人口规模相对劣势的城镇有夏港镇、云亭镇、月城镇、新桥镇。

表4-33 江阴各镇人口规模条件评分表

城　镇	璜土镇	利港镇	申港镇	夏港镇	澄江镇	月城镇	青阳镇	霞客镇
得　分	21.63	17.20	16.07	9.46	100	12.59	24.22	37.15
城　镇	南闸镇	云亭镇	华士镇	周庄镇	新桥镇	长泾镇	顾山镇	祝塘镇
得　分	18.47	14.03	29.95	42.16	9.36	18.45	21.83	21.65

5) 区位条件评价

区位条件的参评因子是中心城市影响,从结果来看(表4-34、图4-20,见彩图),夏港镇与澄江镇距离很近,建设用地连绵成片,因此区位条件等同于澄江镇,具有最强的区位优势;优势次好的是南闸镇、云亭镇;相对最劣势的城镇是直线距离距城关镇超过30 km的顾山镇。

表4-34 江阴各镇区位条件评分表

城　镇	璜土镇	利港镇	申港镇	夏港镇	澄江镇	月城镇	青阳镇	霞客镇
得　分	40	60	60	100	100	60	60	60
城　镇	南闸镇	云亭镇	华士镇	周庄镇	新桥镇	长泾镇	顾山镇	祝塘镇
得　分	80	80	40	60	40	40	20	40

6) 行政效应因子评价

江阴市是县级市,经济发达,全市范围内实现了撤乡并镇的发展,因此区域内的行政只有两级差别,即城关镇与一般镇的级差(表4-35,图4-21,见彩图)。

表4-35 江阴各镇行政级别因子评分表

城　镇	璜土镇	利港镇	申港镇	夏港镇	澄江镇	月城镇	青阳镇	霞客镇
得　分	50	50	50	50	100	50	50	50
城　镇	南闸镇	云亭镇	华士镇	周庄镇	新桥镇	长泾镇	顾山镇	祝塘镇
得　分	50	50	50	50	50	50	50	50

7) 历史文化资源因子评价

历史文化资源条件的评价依靠对现有文保单位质与量在各镇的分布情况判断。从评价结果看(表4-36、图4-22,见彩图),澄江镇的历史文化资源条件在区域中具有绝对优势;条件次好的是霞客镇,该镇拥有国家级文保单位徐霞客故里;其余镇的条件优劣差异不明显。

表4-36　江阴各镇历史文化资源条件评分表

城　镇	璜土镇	利港镇	申港镇	夏港镇	澄江镇	月城镇	青阳镇	霞客镇
得　分	16.43	5.71	10	13.57	100	5.71	13.57	24.29
城　镇	南闸镇	云亭镇	华士镇	周庄镇	新桥镇	长泾镇	顾山镇	祝塘镇
得　分	10.00	7.41	5.00	15.00	2.86	11.43	12.86	10.00

8）多因子综合评价

将上述7个因子按照AHP法确定的对应权重叠加即为城镇发展条件综合评价结果（表4-37、图4-23,见彩图）。从评价结果来看,江阴16镇中发展条件最好的是澄江镇,发展条件次好的城镇与澄江镇具有交通轴线关系,分别为北部地区的利港镇、申港镇、夏港镇与澄江镇的北部横轴,周庄镇、华士镇、新桥镇与澄江镇的西北—东南横轴,发展条件较差的城镇有南闸镇、云亭镇、祝塘镇、长泾镇、顾山镇,其中相对最为劣势的是长泾镇。在总体上发展条件具有与经济条件相吻合的"北高南低"的空间分异特征,但又有如中部的南闸镇、云亭镇的发展条件劣于周边其他城镇的"漏斗式"分布格局。此外,分析还发现东南部边缘地区祝塘、长泾、顾山3镇处于区域中相对劣势地位,该地区的经济、交通、自然资源、区位条件都是区域内较差的,未来发展应予以关注和扶持。

表4-37　江阴各镇城镇发展条件综合评分表

城　镇	璜土镇	利港镇	申港镇	夏港镇	澄江镇	月城镇	青阳镇	霞客镇
得　分	39.31	48.71	53.63	61.07	83.53	38.60	38.34	42.88
城　镇	南闸镇	云亭镇	华士镇	周庄镇	新桥镇	长泾镇	顾山镇	祝塘镇
得　分	33.01	32.00	58.49	56.95	51.15	24.90	28.76	30.42

4.5　本章小结

综上所述,本章结论主要有以下几点:

（1）江阴市域城镇体系是典型的苏南地区多中心体系类型,呈现以澄江镇主中心为龙头,以北部利港镇次中心,包括利港、申港、夏港3镇,东部的周庄、华士次中心,包括周庄、华士、新桥3镇为两翼的双翼齐飞发展态势。

（2）现阶段的城镇等级规模可以划为3级,除一级城镇澄江镇外,二、三级的城镇等级规模差距不大,进一步说明江阴地区城镇发展较为均衡。

（3）根据三大产业区位熵计算结果与对现状城镇产业的定性分析,提出农贸优势型、农工优势型、工业优势型、综合优势型四类主导职能类型,可作为城镇体系职能结构规划的参考。

(4)根据对城镇间空间作用力研究,建议江阴城镇体系划分为4个空间组合聚集区,分别为以利港镇为中心的澄西片区、以澄江镇为中心的澄中片区、以霞客镇为中心的澄南片区、以华士为中心的澄东片区,未来发展应加强片区内各镇的互动联系以及塑造各片区的个性特色。

(5)综合评价各镇发展条件,评价结果印证各片区中心镇的选择,各片区中心镇的发展条件在片区中也相应最好。同时结果还显示中部地区南闸、云亭2镇与东南部边缘地区祝塘、长泾、顾山3镇发展条件相对劣势,建议未来发展应致力于加强澄江镇对南闸、云亭2镇的辐射力度,若条件允许,可将2镇撤镇为区并入澄江;而对东南3镇应加强交通设施建设,并注重与外界城镇如东面的张家港、南面的无锡市区间的联系。

此外,研究还发现江阴城镇有城镇化水平相对滞后工业化水平的现象。根据江阴年鉴的统计,江阴城镇化平均水平是28.3%,而各镇工业化水平几乎都在61%以上,这是两个较为矛盾的数据。现实中,江阴地区经济发达,已经产生了被称为"超级村庄"或"农村都市"的现象,各镇用地布局趋于集中,镇区已经超越了"镇"的概念而具有城市的特征。很显然,不到30%的城镇化水平是不合理的,其原因可能在于滞后的户籍制度仍然将大量在基层村从事非农业劳动的人口归为农村人口。而另一方面,江阴的第二产业比重过高,最高的周庄镇已达到93.8%,因此必须注意城镇发展中的环境容量问题,同时加强第三产业发展,在居民收入提高的同时,生活水准也得到相应的提高。

5 城镇体系空间经济关联分析

5.1 空间统计学简介

空间统计学(Spatial Statistics)是将具有地理空间信息特点的数据空间位置相互作用及变化规律为研究对象,以区域化变量为基础,研究既具有随机性又具有结构性,或空间相关性和依赖性的一门科学[85]。从研究方法来看,空间统计学方法是将古典统计方法用于与地理位置相关的空间数据,通过位置建立数据间的统计关系,利用统计方法来发现空间联系及空间变动的规律,是一种分析空间数据的统计方法[38]。

空间统计学是统计学的一个重要分支,也是在统计学上属于起步较晚的学科,从 70 年代才开始被重视,但发展迅速,而且推广到诸多行业与研究领域。与传统统计方法的最大不同之处在于空间统计方法主要是针对各类数据的空间属性,作空间分布的分析和研究,可以弥补传统统计方法中无法充分反映数据的空间分布属性的问题。

5.2 空间统计学与相关学科的关系

5.2.1 空间统计学与统计学的关系

空间统计学与传统统计学存在较大区别[85~87]:

1)变量取值的空间性

传统统计学研究的变量必须是纯随机变量,而且该随机变量的取值按某种概率分布而变化;而空间统计学研究的变量不是纯随机变量,而是空间位置的变量,其变量在一个特定的区域内因空间位置不同而取值不同,是随机变量与空间位置相关的随机函数。

2)空间数据之间并非独立

传统统计学的样本中各个取值之间具有相互独立性;而空间统计学中的变量是在空间上不同位置取样,具有空间位置的相关性,因而相邻样品中的值不具有独立性,使空间统计学的样本变量具有空间过程的特点,既考虑样本值的大小,又考虑样本的方向、距离以及各样本间的联系,弥补传统统计学无法充分反映样本空间属性的特征。

3) 研究内容不同

传统统计学以频率分布图为基础研究样本的各种数字特征;空间统计学除要考虑样本的数字特征外,更主要的是研究空间位置变量的空间分布特征及其空间相关关系。

5.2.2　空间统计学与空间计量经济学的关系

空间计量经济学(Spatial Econometrics)这一术语是于 1974 年由 Jean Paelinck 首创的,随着人们对经济现象空间特性的关注,学者们在借用统计学和计量经济学基本分析框架的基础上,通过整合经济学理论与量化研究事物空间特征的空间统计方法,逐步形成了空间计量经济学的框架体系。

传统经济学假定空间是均质的,地区之间的经济活动是没有相互联系的,在这种假设下所进行的经济研究由于抽离了空间因素而往往与经济现实不相符[88]。现实中的各种经济要素(如自然资源、资本及人力等)在地理空间上并非均匀分布的,其中就受到空间距离问题的影响,因此在经济研究中考虑经济活动的空间效应是十分必要的。

要严格区分空间计量经济学与空间统计学并不容易,Haining 和 Anselin 认为,对于空间统计学的研究大多由数据驱动,而空间计量经济学由模型驱动,即从特定的理论或模型出发,重点放在问题的估计、解释和检验上。

总的来说,空间计量经济学的研究对象是蕴含在社会经济现象和区域科学中的空间相关性和异质性等空间特性的数量关系[89],由它衍生出的各种经济模型与方法已成为现代城市经济学、区域经济学研究中的重要工具。

5.2.3　空间统计学与地统计学的关系

地统计学(Geostatistics)是以区域化变量、平稳假设等概念为基础,以半变异(或半方差)函数为核心,以 Kriging 插值法为手段,研究自然现象(矿产、资源、生物群落、地貌)空间变异与空间结构的科学[90~92],它是地理学家与地质学家经常运用的一种统计学理论。地统计学以区域化变量理论为基础,强调在短距离之内的观察值比远距离观察值要更相似,即方差较小,然后通过半方差分析去认识事物的空间结构与发展规律[49]。由于地统计学涉及的都是空间分析问题,因此也有人把地统计学认为是空间统计学的一部分。

5.3 空间统计学邻近性概念及空间自相关分析

5.3.1 空间统计学的邻近性概念

空间统计学最引人注目的是引入了"邻近性"(Proximity)这一概念,使这一概念渗透到统计分析的一些领域中,从而导出了一些新的模型和方法,通过度量、数据分析研究对象的"邻近性"来反映、描述、总结研究对象的分布规律与特征[93]。

邻近性这一概念有狭义与广义的内涵,狭义的理解就是地域上的邻近性,比如相邻的省、县等;广义的理解可以认为是某一种属性的邻近,比如在某两个城市之间有着贸易往来,则可被视作贸易上的邻近,贸易额的大小可以反映"邻近性"的程度,而且无论这两个城市是否在地理位置上相邻,都可被视作在贸易上具有"邻近性"。空间统计学中邻近性为广义的邻近性概念,即认为一个区域单元上的某种地理现象或某一属性值与邻近区域单元上同一现象或属性值是相关的。

城市作为人类活动的中心,同周围广大的区域有着密切的联系,具有控制、调整和服务"邻近"区域的功能。这些相互作用不仅发生在地理位置相邻的城市之间,还可能发生在地理位置不相邻的城市之间。一个城镇体系中的各城市之间必然存在着广泛而密切的联系,即具有邻近性关系。

5.3.2 空间自相关的概念

空间自相关是空间统计学中的重要概念,对于空间自相关有多种定义[94,95],它们的共同点是都认为在空间关系中邻近的单元比相距较远的单元具有较高的相似性,因此,空间自相关性又可认为是在空间上越靠近的事物或现象越相似[49]。空间自相关性是现实空间格局中广泛存在的一种特征,自然界中的温度、水分、土壤特征、植被以及人类社会中的人口、灾害、疫情等现象或系统的空间分布都反映出"空间自相关"的特征,因此空间自相关性被称为地理学第一定律(W. R. Tobler, 1970)[96]。

5.3.3 空间自相关分析

空间自相关分析是指对同一变量在不同空间位置上的相关性分析,并对空间单元属性值聚集的程度进行度量和评价[97]。在研究空间自相关性时,应用全局和局部两种指标来度量,其中全局指标用于验证整个研究区域的空间模式,而局部指标用于反映一个区域单元上的某种地理现象或某一属性值与邻近区域单元上同一现象或属性值的相关程度。而进行空间自相关系数计算时,首先需要确定空间权重矩阵。

1) 空间权重矩阵的建立

空间权重矩阵是用于定义空间对象的相互邻接关系,通常定义一个二元对称空间邻近矩阵 W_{ij} 来表达 n 个位置的空间邻近关系,可以根据邻接标准或距离标准来度量[38,98,99]。

根据邻接标准,当 i 和 j 邻接时,空间权重矩阵的元素 $W_{ij} = 1$,否则 $W_{ij} = 0$。其公式如下:

$$W_{ij} = \begin{cases} 1 \ (i \text{ 与 } j \text{ 相接}) \\ 0 \ (i \text{ 与 } j \text{ 不相接}) \end{cases} \tag{5.1}$$

根据距离标准,当位置 i 和 j 之间的距离在一定距离 d 范围内时,空间权重矩阵 $W_{ij} = 1$,否则 $W_{ij} = 0$。其公式如下:

$$W_{ij} = \begin{cases} 1 \ (dist(ij) \leqslant d) \\ 0 \ (dist(ij) \geqslant d) \end{cases} \tag{5.2}$$

2) 全局空间自相关系数

全局空间自相关(Global Spatial Autocorrelation)是用于描述区域单元某种属性值的整体分布状况,判断该属性值在空间上是否存在聚集性的特点[100]。常用的全局空间相关性统计指数是全局 Moran's I 系数和全局 Geary's C 系数。

(1) 全局 Moran's I 系数

全局 Moran's I 系数度量空间自相关(要素属性相近程度)的程度,不仅考虑要素属性值而且包括要素之间的距离。给定一系列的要素和相应的属性值,评估要素的分布是否集聚分布、离散分布还是随机分布。Moran's I 计算公式如下[100,101]:

$$I = \frac{n \sum_{i=1}^{n} \sum_{j=1}^{n} W_{ij}(x_i - \bar{x})(x_j - \bar{x})}{\sum_{i=1}^{n} \sum_{j=1}^{n} W_{ij} \sum_{i=1}^{n} (x_i - \bar{x})^2} \tag{5.3}$$

其中

$$\bar{x} = \frac{1}{n} \sum_{i=1}^{n} x_i W_{ij}$$

式中:n 是参与分析的空间单元数;x_i 和 x_j 分别表示某种属性值,是 x 在空间单元 i 和 j 处的观测值;W_{ij} 是空间权重矩阵。Moran's I 的值域为[-1, 1],大于 0 为正相关,小于 0 为负相关。值越大表示空间分布的相关性越大,即空间上有聚集分布的现象;值越小表示空间分布相关性小,分散程度越高。值趋于 0 时,表现此时空间分布呈现随机分布,即 Moran's I 系数接近 1 表示集聚,接近 -1 表示离散[100,101]。

应用 Moran's I 的结果可以计算出相应的标准化值 $Z(I)$,应用所计算的标准化 $Z(I)$ 值来评价观测属性在空间上是集聚、离散或随机分布的状态特征,以及是否统计显著和存在空间自相关关系,$Z(I)$ 的计算公式如下[100,101]:

$$Z(I) = \frac{[I - E(I)]}{\sqrt{Var(I)}} \tag{5.4}$$

其中,$E(I)$ 是理论期望值,计算公式为:

$$E(I) = -\frac{1}{n-1} \tag{5.5}$$

$Var(I)$ 是理论方差,根据分布假设不同,计算公式也不同。

对于正态分布,计算公式为:

$$Var(I) = \frac{1}{S_0^2 (n^2 - 1)} (n^2 S_1 - n S_2 + 3 S_0^2) - E(I)^2 \tag{5.6}$$

对于随机分布,计算公式为:

$$Var(I) =$$

$$\frac{n[(n^2 - 3n + 3) S_1 - n S_2 + 3 S_0^2] - k_2 [(n^2 - n) S_1 - 2n S_2 + 6 S_0^2]}{S_0^2 (n-1)(n-2)(n-3)} - E(I)^2$$

$$S_0 = \sum_{i,j=1}^{n} W_{ij}, \ S_1 = 2 \sum_{i,j=1}^{n} W_{ij}^2, \ S_2 = 4 \sum_{i=1}^{n} W_i^2, \ W_i = \sum_{j=1}^{n} W_{ij} \tag{5.7}$$

如果 $Z(I)$ 的绝对值大于 1.96,则认为返回的统计结果存在空间自相关关系。其中,如果 $Z(I)$ 为正且大于 1.96,表示研究范围内某属性值分布有显著的关联性,即研究范围内存有空间单元彼此的空间自相关性为正相关,且分布为聚集的。如果 $Z(I)$ 为负且小于 -1.96,则表示研究范围内某属性值分布呈现负的空间自相关性,且分布为离散的。如果 $Z(I)$ 值域为 $[-1.96, 1.96]$,则表示研究范围内某属性值分布的关联性或自相关不明显,即空间自相关性亦较弱,可以看作随机分布[100,101]。

(2) 全局 Geary's C 系数

全局 Geary's C 系数空间自相关的计算方法与全局 Moran's I 系数的计算方法相似,但其分子的交叉乘积项不同,即测量邻近空间位置观察值近似程度的方法不同,Moran's I 比较的是观察值与均值偏差,Geary's C 比较的是观察值之差[103,104]。

Geary's C 的计算公式如下[102]：

$$C = \frac{(n-1)\sum_{i=1}^{n}\sum_{j=1}^{n}W_{ij}(x_i - x_j)^2}{2\sum_{i=1}^{n}\sum_{j=1}^{n}W_{ij}\sum_{i=1}^{n}(x_i - \bar{x})^2} \tag{5.8}$$

式中：n、x_i、x_j、$\bar{x}$、W_{ij} 定义与全局 Moran's I 系数中的意义相同。全局 Geary's C 的值域为[0，2]，当全局 Geary's C 的系数小于 1 时，存在空间的正自相关；当全局 Geary's C 的系数大于 1 时，存在空间的负自相关；当 Geary's C 的系数等于 1 时，无空间自相关。其值越接近 0，表示聚集性越高；越接近 2，则分散度越高[102]。

实践证明，全局 Moran's I 与全局 Geary's C 之间具有负相关关系（图 5-1），两者的数值大小反映了空间分布聚集的强弱，从总体上反映空间的相关性，但都不能反映具体某个空间单元与其附近单元的相似关系，而局部自相关系数能够反映具体某个空间单元与其附近单元的相似关系[49]。

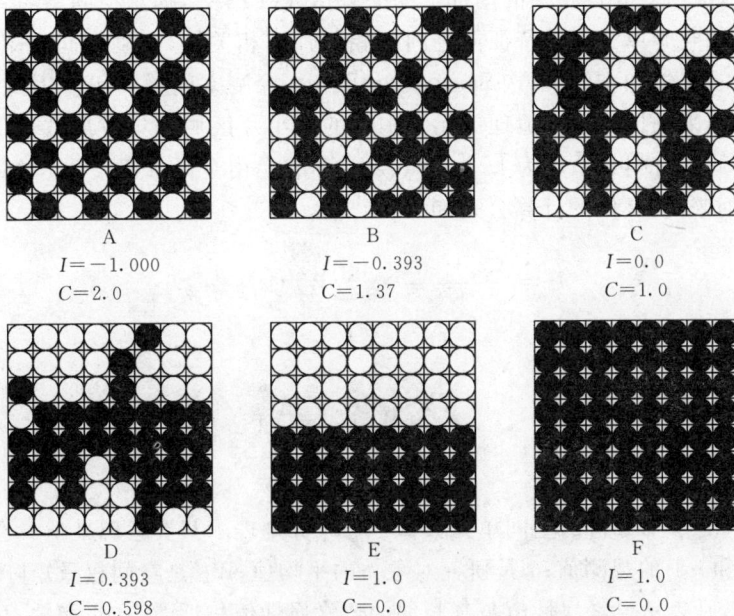

图 5-1　不同格局的空间自相关系数举例[49]

假设 8×8 的栅格网，空心圆表示 0，实心圆表示 1，则其空间特征为：
A. 完全负相关；B. 一定程度的负相关；C. 不相关或随机分布；
D. 一定程度的正相关；E. 很强的正相关；F. 完全正相关

3）局部空间自相关系数

全局指数仅使用单个值来反映一定范围内的自相关，但难以反映聚集的空间位置及区域相关的模式[105]，而局部指数不仅能计算出每一个空间单元与邻近单元的某种属性相关的程度，还可以揭示空间参考单元与其邻近的空间单元属性特征值之间的相似性，识别空间集聚，因此在实际的应用中，通常将局部指数和全局指数相结合，来确定和识别空间关联和聚集模式。

Anselin L.，Getis A.，Ord J. K. 等定义了一组度量局部空间关联模式的局部指标：局部 Moran's I、局部 Geary's C 和局部 Getis-Ord G_i^{*} [103,105]。本书采用 Local Moran's I 系数和 Local Getis-Ord G_i^{*} 系数，并结合 Moran 散点图方式进行局部空间自相关分析。

（1）Local Moran's I 系数

Moran's I 系数是通过空间单元的共变性计算得到，仅使用单一值来反映整体上的自相关，而不能考虑到哪个空间单元附近与它存在较为相似的属性，难以探测不同位置局部单元的空间关联模式。Anselin 对上述方法进行改进，提出空间自相关的局部空间关联指数（LISA），揭示空间参考单元与其邻近的空间单元属性特征值之间的相似性或相关性，识别空间集聚（Spatial Clusters）和空间孤立（Spatial Outliers），探测空间异质等。因此，局部自相关用来测量以每个地理单元为中心的一小片区域聚集或离散效应。最常用的局部自相关系数为 Local Moran's I，它是由全局自相关系数 Moran's I 发展而来的，具体的计算公式如下[34,97]：

$$I_i = \frac{(x_i - \bar{x})}{S^2} \times \sum_{j=1}^{n} W_{ij}(x_j - \bar{x}) \qquad (5.9)$$

其中

$$S^2 = \frac{\sum_{j=1}^{n} W_{ij}(x_j - \bar{x})^2}{n-1}$$

式中：n 是参与分析的空间单元数；x_i 和 x_j 分别表示某要素属性值 x 在空间单元 i 和 j 上的观测值；$\bar{x}$ 是研究对象 x 的平均值；W_{ij} 是空间权重矩阵。如果 I_i 为正，则表示要素属性值与其相邻的要素属性值相近，存在正相关，I_i 值越大，正相关性就越强；如果 I_i 值为负值，存在负相关，则要素属性值与相邻要素属性值有很大的不同，I_i 值越小，负相关性就越强。

为便于对 I_i 统计量的结果进行解释，通常将其转化为标准化 $Z(I_i)$ 值，

即用该统计量减去其理论期望值,再除以相应的标准差而得到,具体的公式
如下[34,97]:

$$Z(I_i) = \frac{[I_i - E(I_i)]}{\sqrt{Var(I_i)}} \quad (5.10)$$

其中,$E(I_i)$是理论期望值;$Var(I_i)$是理论方差;计算公式与全局 Moran's I
系数相同。对于 Local Moran's I 的标准化结果 $Z(I_i)$,如果 $Z(I_i)$ 为正且越
大,则要素越与相邻要素值相近;如果 $Z(I_i)$ 值为负却越小,则与相邻要素值
差异越大,即相关性不强。

(2) Local Getis-Ord G_i^* 系数

Getis 和 Ord 在 1995 年对 Local Getis-Ord G_i^* 系数提出的计算公式
如下[103,106]:

$$G_i^* = \frac{\sum_{j=1}^{n} W_{ij} x_j - \left[\sum_{j=1}^{n} W_{ij} \right] \times \bar{x}_j}{s \times \sqrt{\dfrac{\left[n \sum_{j=1}^{n} W_{ij}^2 \right] - \left[\sum_{j=1}^{n} W_{ij} \right]^2}{n-1}}} \quad (5.11)$$

其中

$$s = \sqrt{\left\{ \frac{\sum_{j=1}^{n} x_j^2}{n} - \left[\frac{\sum_{j=1}^{n} x_j}{n} \right]^2 \right\}}$$

G_i^* 的值即为常态标准化后的值。为便于对 G_i^* 系数的结果进行检验,通常
将其转化为标准化 $Z_i(G_i^*)$值,即用该统计量减去其理论期望值,再除以相应
的标准差而得到,具体的公式如下[100,107]:

$$Z_i(G_i^*) = \frac{[G_i^* - E(G_i^*)]}{\sqrt{Var(G_i^*)}} \quad (5.12)$$

$E(G_i^*)$是期望值,计算公式为:

$$E(G_i^*) = \frac{W_i}{n} \quad (5.13)$$

$Var(G_i^*)$是理论方差,计算公式为:

$$Var(G_i^*) = \frac{1}{\left(\sum\limits_{j=1}^{n} x_j\right)^2} \left[\frac{W_i(n-W_i)\sum\limits_{j=1}^{n} x_j^2}{n(n-1)}\right] + \frac{W_i(W_i-1)}{n(n-1)} - \frac{W_i^2}{n^2} \quad (5.14)$$

上式中 $W_i = \sum\limits_{j=1}^{n} W_{ij}(d)$

G_i^* 统计不能发现正负相关的空间模式和应用其正负号判断空间类型的相似性,但可以揭示围绕区域 i 的区域观测值大小。当 $Z_i(G_i^*)$ 为正时,表示围绕区域 i 的区域观测值大于区域 i;为负,则与区域 i 相邻的区域观测值小于区域 i。它可以用来判断空间聚类是大数值型的,还是小数值型的,确定空间聚集的模式[38,39,99]。

（3）Moran 散点图

Moran 散点图用散点图的形式,描述空间单元属性值 Z 与空间滞后(即该要素的属性值周围空间单元的加权平均)向量 $\mathbf{WZ}$ 间的相互关系,对空间滞后向量 $\mathbf{WZ}$ 和空间单元属性值 Z 数据进行可视化的二维图示。该图的横轴对应空间单元属性值 Z,纵轴对应空间滞后向量 $\mathbf{WZ}$,它被分为四个象限,用来分别识别一个空间单元与其相邻近空间单元的聚集关系[108,109]。

Moran 散点图由四个象限组成(图 5-2),其四个象限分别对应于参考空间单元与其邻近空间单元之间的局部空间联系形式:第一象限表示高属性值空间单元为同是高值邻近单元所包围的空间聚集关系;第二象限表示低属性值空间单元为高值邻近单元所包围的空间聚集关系;第三象限表示低属性值空间单元为同是低值邻近单元所包围的空间聚集关系;第四象限表示高属性值的空间单元为低值的邻近空间单元所包围的空间聚集关系。当表征空间单元的点位于某个象限时,就表示该单元与其邻近单元存在着该象限对应的聚集关系。与局部 Moran 指数相比,虽然 Moran 散点图不能获得局部空间聚集的显著性指标,但是能够具体区分空间单元与其邻近空间单元之间属于高值和高值、低值和低值、高值和低值、低值和高值之中的哪种空间聚集关系,并且简易而直观。

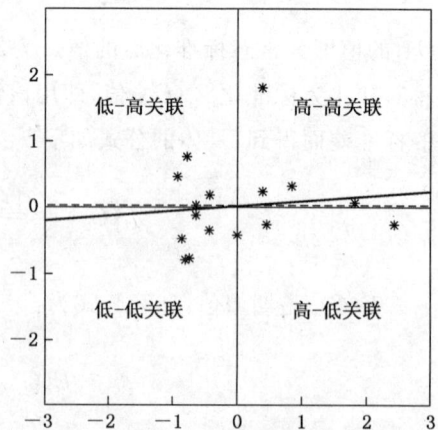

图 5-2　Moran 散点图

5.4 空间统计学在城镇体系空间关联分析中的应用

城镇体系是在一定的地域环境下具有"邻近性"关系的一组城镇序列，根据空间统计学理论，这些城镇之间存在着各种空间自相关的特征，即某一个城镇上的某种现象或某一属性值与邻近城镇的某一属性是具有相似性的。第4章采用了引力模型分析了城镇的关联强度，计算城镇之间的空间距离，但是忽视了空间位置属性，不能揭示空间相互作用过程和空间格局。本章根据空间统计学理论，通过选取反映城镇现象或属性的统计变量（人口数、经济指标、设施数等）对其进行全局与局部的空间自相关分析，可以揭示区域内基于某种现象或属性的城镇空间分布与关联特征，有助于多角度综合分析城镇体系的空间格局。

5.4.1 评价指标的选取

本次分析以江阴市为例，江阴市辖16个城镇，由于数量较少，容易导致分析中显示分布上的随机性以及与周边空间单元关联不显著等问题，因此本次分析将研究对象细化到村级单位以增加单元数量。通过分析江阴境内各村的空间自相关性，再将结果套合各镇的行政边界，从而判断城镇体系各镇的总体关联趋势与局部的空间关联与集聚模式。

江阴市共有249个行政村（社区）以及1个街道（市区），在GIS空间数据库中，各村的统计指标有人均收入、财政总收入、总人口三项，考虑到在村的级别上人口与财政总收入会受到各单元规模差别的影响，因此分析选其中最能客观表征经济水平的人均收入指标作为分析变量，从经济的空间自相关性分析江阴城镇体系的现状空间关联特征。

5.4.2 现状城镇总体分布特征

在GIS数据库中，根据各村现状人均收入作现状的人均收入专题分布图（图5-3，见彩图）。

从图中可以看出，江阴市人均收入在总体上具有北高南低的空间分异特征，其中澄江镇、申港镇、周庄镇、华士镇、新桥镇的水平明显优于区域内的其他城镇；同时，各镇内部也存在着一定的地区差异，如澄江镇内市区所在的西部地区要优于东部的农村地区。由此反映出乡镇企业发展繁荣，较高的工业与农业水平虽然是江阴市的普遍特征，但各城镇之间发展并不均衡，具有较为显著的地域差别，尤其当细化到村级别时，这种差距更为明显，人均收入最高的村(42 000 元)比收入最低的村(7 355 元)高出近 5 倍。2006年,江阴市的城镇居民人均可支配收入为 18 602 元,农民人均纯收入为 9 411元[71],同期全国城镇居民人均可支配收入为 11 759 元,农民人均纯收入3 587 元[110]。江阴经济发展水平明显高于全国平均水平,属于我国经济相对发达的地区,但农民收入较城镇居民收入还有较大差距,存在城乡二元结构。

5.4.3 全局空间自相关分析

全局空间自相关分析通过计算全局空间自相关指标 Moran's I 系数与 Geary's C 系数揭示空间自相关的总体趋势。

经计算(表 5-1),人均收入的全局 Moran's I 系数的计算结果为 0.30,为正值,全局 Geary's C 系数的计算结果为 0.66,小于 1。对全局 Moran's I 系数分别进行随机分布和近似正态分布显著性检验,两种检验的标准化 Z 值分别为 8.87 和 8.05,远大于正态分布 95 ‰置信区间双侧检验阈值 1.96,这表明平均收入的空间分布在整体上具有较强的正自相关性,不是随机分布,呈现显著的空间集聚模式(图 5-4),即区域经济的空间关联具有高收入地区与高收入地区邻接,低收入地区与低收入地区邻接的总体趋势。

表 5-1　人均收入全局空间自相关指标计算结果

Moran's I	Geary's C	$E(I)$	$VAR_N(I)$	$VAR_R(I)$	Z-Normal I	Z-Rand I
0.30	0.66	−0.004	0.001 4	0.001 2	8.05	8.87

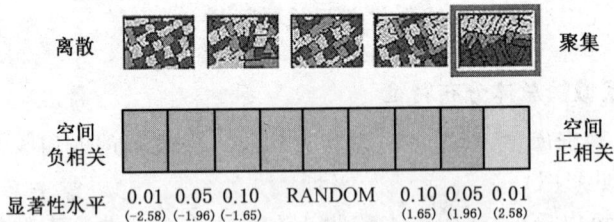

图 5-4　空间相关性判别示意图

5.4.4 局部空间自相关分析

全局自相关分析反映的是总体空间单元依赖程度,仅能说明所有空间单元与周边邻近空间单元之间空间差异的平均程度,而不能描述具体每一个空间单元与其邻域的相似程度,揭示空间异质性,因此为了全面揭示区域城镇之间的空间关联特征,选取局部空间自相关系数对空间单元进行局部空间自相关的计算和分析。本书采用 Local Moran's I 系数并结合 Moran 散点图与 Local Getis-Ord G_i^* 系数两种方法。

应用 Local Moran's I 系数结合 Moran 散点图来分析时,通过计算各单元的 Local Moran's I 系数,揭示每个单元与周边邻近单元之间的空间分布关联模式,同时将空间关联模式分为四种,即"高-高"关联,"低-低"关联,"高-低"关联,"低-高"关联,分别与 Moran 散点图中的四个象限对应,并作出相应的 Moran 散点图和空间聚集图。

依据公式(5.9)和公式(5.10),在 GIS 数据库中分别计算出各村 I_i 值与相应的 $Z(I_i)$ 值(具体数值见附录),在计算出各村 I_i 值的基础上作出 Moran 散点图(图 5-5),并选取显著性水平 0.01 获得空间关系聚集图(图 5-6,见彩图)。

从江阴人均收入空间聚集分布图上可以看出,在市域范围大致存在 2 个"高-高"聚集区,一个位于澄江镇的西部,另一个位于周庄镇、华士镇、新桥镇形成了带状聚集,落入"高-高"聚集区的空间单元具有较

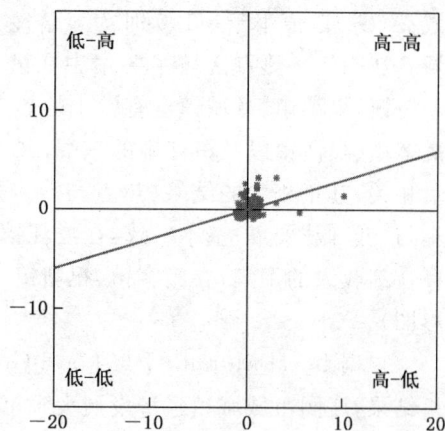

图 5-5 江阴人均收入 Moran 散点图

强的空间正相关性,这些单元本身人均收入较高,它们周围单元的人均收入也较高,这些单元组成的地区是经济发展相对较发达的热点区,由此可认为澄江镇、周庄镇、华士镇、新桥镇是江阴市较为发达的城镇。同时,江阴市域还存在着若干"低-低"聚集区,主要位于璜土镇、霞客镇、顾山镇、长泾镇境内,落入"低-低"聚集区的空间单元也具有较强的空间正相关特征,这些单元本身人均收入较低,它们周围单元的人均收入也较低,这些单元组成的地区是经济发展较落后的冷点区,由此可认为璜土镇、霞客镇、顾山镇、长泾镇是江阴市经济发展相对落后的城镇。落入"高-低"与"低-高"聚集区的空间单元具有较强的空间负相关性,即单元本身与周边单元差异较大,具有空间异质性,这类地区在江阴市域内较少,主要集中于西北与东南端。

从 I_i 分级图(图 5-7,见彩图)看,$I_i > 0$ 的单元具有空间正相关性,其中 $I_i > 1.2$ 的单元可认为具有较强的空间正相关性,$I_i < 0$ 的单元具有空间负相关性。综合 I_i 与 Moran 散点图的分析结果,可以认为华士镇、周庄镇、新桥镇构成了江阴境内一个强力的经济发展圈,而中心城镇澄江镇对周边辐射并不理想,辐射范围基本位于澄江镇境内。

计算 Local Getis-Ord G_i^* 系数可获得各单元的 G_i^* 值,以此来探测区域经济中的热点,用来表征空间聚集关系[111]。

依据公式 5.11 和公式 5.12,在 GIS 数据库中分别计算出各村 G_i^* 和 $Z(G_i^*)$ 的值(具体数值见附录),$Z(G_i^*)$ 正值为热点区,$Z(G_i^*)$ 负值为冷点区。本书以 $Z(G_i^*)$ 取值大于 1.0 为显著热点区域,即高收入单元聚集的显著区域;$Z(G_i^*)$ 取值小于 −1.0 时为显著冷点区域,即低收入单元聚集的显著区域。江阴经济热点区域主要集中在澄江镇、周庄镇与华士镇,此外利港镇、新桥镇、夏港镇、月城镇也有较小的热点分布,冷点区域总体上较少,分布在霞客镇、长泾镇以及澄江镇的东端。G_i^* 统计只探查空间正相关,不反映空间负相关,其正相关的结果(热点与冷点)与 Local Moran's I 系数("高-高"聚集与"低-低"聚集)基本一致:在澄江镇、周庄镇、华士镇、新桥镇等北部地区存在高收入的聚集,在霞客镇、祝塘镇、长泾镇存在低收入的聚集(图 5-8,见彩图)。

根据 Local Moran's I 与 Local Getis-Ord G_i^* 两种局部自相关系数的分析结果,江阴市域城镇经济发展大致可以分为 5 种类型[112,113]:集聚发展型、极核发展型、集聚落后型、极核落后型和一般发展型(表 5-2,图 5-9,见彩图)。属于集聚发展型的城镇有澄江、华士、周庄、新桥 4 镇,占地区比例的 25%,这类城镇整体经济水平是区域中较好的,而且局部空间自相关系数较高,在这些城镇内部及其周边形成了集群式发展的态势,对周边具有辐射作用;属于极核发展型的城镇有夏港镇,占地区比例的 6.2%,这类城镇整体经济水平较高,但局部空间自相关系数较低,表现出镇内个别单元发展水平明显高于其周边单元,辐射作用不明显;属于集聚落后型的城镇包括璜土、青阳、霞客、祝塘、长泾 5 镇,占地区比例的 31.3%,这类城镇整体经济水平在区域中相对落后,而且表现出了低收入单元群集的态势;属于极核落后型的城镇有南闸镇,占地区比例的 6.2%,这类城镇整体经济水平在区域中相对落后而且明显低于周边城镇;属于一般发展型的城镇有利港、申港、月城、云亭、顾山 5 镇,这类城镇整体经济水平在区域中相对平均,虽然单元之间有高有低,但差距不大,缺乏增长极。

表 5-2　江阴城镇经济发展分类表

类　型	城　镇	地区比例(%)	类型特征
集聚发展型	澄江、华士、周庄、新桥	25	经济发展较好,局部空间自相关系数大于1
极核发展型	夏港	6.2	经济发展较好,局部空间自相关系数小于一1
集聚落后型	璜土、青阳、霞客、祝塘、长泾	31.3	经济发展相对落后,局部空间自相关系数大于1
极核落后型	南闸	6.2	经济发展相对落后,局部空间自相关系数小于一1
一般发展型	利港、申港、月城、云亭、顾山	31.3	经济发展一般,局部空间自相关系数介于一1～1之间

5.5　结论与建议

(1) 综上所述,江阴市域总体经济发展水平较高,但仍表现出北高南低的空间分异特征,并存在城乡二元结构。城镇经济总体上具有较强的空间正相关特征,同时具有一定的空间异质性。江阴市的集聚发展型城镇集中于市域北部,集聚落后型的城镇主要集中于市域南部,经济发展水平整体上具有北高南低的空间分异格局。从集聚热点可知,区域至少存在2个增长点,除中心城镇澄江镇之外,华士、周庄、新桥3镇构成了一个明显的增长极,可以被认为是区域副中心的出现,说明江阴的工业化已进入了中后期阶段,趋于成熟,然而总体上这种群集发展的范围有限,仅占江阴城镇总数的25%,且主要集中分布在北部地区,区域中的极化作用较为明显,城镇之间的有机联系还不充分,区域经济尚未融成一体。

(2) 现状的中心城镇辐射范围并不理想,如澄江镇对周边南闸镇、云亭镇、夏港镇等接邻城镇的辐射作用相对有限。因此对于集聚发展类型的城镇应利用其现状基础条件好的优势,进一步加大其对周边地区的辐射力度。

(3) 对于集聚落后型和极核落后型城镇应在今后的发展与建设中,致力于加强对这些城镇的扶持,因地制宜,在政策上如适宜项目的兴建、外资的引入等应优先考虑这类城镇。

(4) 对于一般发展型和极核发展型的城镇应明确这类城镇的职能,重点发展主导产业,深化产业集群,形成规模效益,将相对孤立的点发展提升为相互联系的群集式发展。

(5) 针对城镇之间有机联系不够充分,城乡二元结构依然存在的问题,应在规划中做到全局部署、城乡统筹,明确城镇体系的职能分工,优化城镇体系的空间组合，将区域经济融为一体，同时充分发挥各城镇的自身优势，协调发展，实现体系之和大于各镇之和的区域功效。

5.6　本章小结

　　本章根据空间统计学理论探讨城镇体系空间关联的空间自相关分析方法，通过选择全局空间自相关指标全局 Moran's I 系数与全局 Geary's C 系数，以村为空间分析单元，选取局部空间自相关指标局部 Moran's I 系数与局部 Getis-Ord G_i^* 系数，将各村人均收入作为分析变量，对江阴城镇经济现状的空间格局进行分析和解释。

　　研究成果主要包括以下几点：

　　(1)江阴人均收入的全局 Moran's I 系数为 0.30，全局 Geary's C 系数的计算结果为 0.66，表明江阴经济具有显著的空间正相关特征，经济在总体上显示出聚集性特征。

　　(2)根据江阴人均收入的局部空间自相关分析结果，将江阴 16 个城镇分为集聚发展型、极核发展型、集聚落后型、极核落后型和一般发展型等 5 种类型的城镇，从这些类型在空间分布上显示北部较为发达，南部相对落后的空间分异特征。

　　(3)针对各种发展类型的城镇自身特点，提出了相应的发展建议。这些建议可以作为城镇体系规划发展制订和职能结构、空间结构规划的参考依据。

6 城镇体系分形特征的研究

6.1 分形理论简介

6.1.1 分形理论的起源

分形理论(Fractal Theory)是美籍法国科学家曼德尔布罗特在 20 世纪 70 年代中期创立的一门非线性自组织理论[114],其产生源于科学研究中线性科学向非线性科学的转变。

所谓线性,是指量与量之间成正比关系,在直角坐标系中可以用一根直线表示。这是很长一段时间里科学研究的主流方法。线性科学是人们认识自然界的复杂事物时,忽略非线性建立相对简单的线性模型,比如传统的欧氏几何都是从复杂的事物形态中分离出那些比较规则和简单的形态来进行研究,并用于近似表达复杂事物的形态,于是得到如点、线、面、体这些简单的基本图形,用于构造各种各样的图形,然后研究其中的关系。尽管经过长时间的发展,线性科学已经形成一系列处理线性问题的有效方法,能够认识一定的复杂性,但本质上线性科学视角下的事物形态都具有规则、光滑的线性特征,至少是近似规则、光滑的,而面对现实中的真实事物时,如天空的云彩、天体的分布、闪电、雪花、地球表面、绵延不断的山脉、蜿蜒曲折的海岸线、河流的分布、人体血管的分布、正常的人脑电图等等,用线性科学看待这些问题就显得过于简单了。以海岸线为例,我们日常所说的海岸线长多少公里都是近似值,一个在 1∶100 000 地形图看起来简单的海湾放在 1∶10 000 地形图下时又会出现无数个小海湾,以此类推,随着测量尺度的不断减小,趋向无穷小,实际上海岸线的长度是趋于无穷大的[115]。

随着科学的发展,线性科学的局限性日益凸显,科学家们开始寻求能更准确、更全面地反映复杂事物本来面目的研究方法。因此与线性科学相对的非线性科学开始兴盛,非线性科学认为事物的本质是非线性的,正是非线性的作用,才形成了物质世界的无限多样性、丰富性、曲折性、奇异性、复杂性、多变性和演化性。其中分形理论是非线性科学研究的前沿领域之一,分形理论学家认为那些看起来形态各异,似乎无规则的"粗糙"事物,如果仔细观察它们时,又会发现它们无不具有自相似的特点,即局部与局部之间有相似性,只不过,这种自相似并不是严格数学意义上的,而是一种近似的,统计意义上的自相似。曼德尔布罗特基于这种"粗糙(不规则)而自相似"的特点出发,创立了与之相应的新学科——分形理论。

6.1.2 分形的定义

迄今为止,科学界还没关于分形的精确定义。1986 年,曼德尔布罗特给分形的定义是局部与整体以某种方式相似的形叫分形[115]。这一定义反映自然界中很广泛一类物质的基本属性:局部与局部、局部与整体在形态、功能、信息、时间、空间等方面具有统计意义上的自相似性,但同时这个定义也是浅显而笼统的,仅仅强调分形自相似性的特征,现实中并不能以此来判断哪些事物是分形的。

英国数学家法尔科内(Kenneth Falconer)对分形提出一个新的认识,他把分形看成是某些性质的集合,而不是去寻找精确的定义。他提出一个分形可以描述为如下[116]:

F 是分形,则 F 具有如下典型性质:

(1) F 具有精细结构,即有任意小比例的细节;

(2) F 是如此的不规则,以至它的局部和整体都不能用传统的几何语言来描述;

(3) F 通常有某种自相似的形式,可能是近似的或是统计的;

(4) 一般地,F 的分形维数大于它的拓扑维数;

(5) 在大多数情况下,F 可以用非常简单的方法定义,也可以由迭代产生。

类似地,埃德加(Gerald A. Edgar)在 1990 年给分形一个粗略的定义:分形集就是比在经典几何考虑的集合更不规则的集合。这个集合无论放大多少倍,越来越小的细节仍能看到。

综上所述,以上三个定义尽管都不是很完善,但是可以方便人们去理解什么是分形。粗略地说,分形几何就是不规则形状的几何,但是这种不规则(粗糙性)具有层次性,即在不同层次(尺度)下均能观察到,因此分形必须具备两个基本特征:无特征尺度性(无标度性)和自相似性[117]。无特征尺度性是指不能用一个具体的尺度如数量、长度、重量、体积、时间等特定的数量级去描述分形的事物。事实上分形的革命性意义也正在于此,它不再用固定的线性框架去认识事物,而是将之归为分形集合加以描绘。比如上文中提到的海岸线问题,海岸线的长度与测量尺度有关,它的变化可以是无穷无尽的,因此要问海岸线到底有多长是没有意义的。不过在各个数量级的无特征尺度区内,必然存在着某种自相似性,这种自相似与测量尺度无关,而且能反映事物的本质属性。

正如曼德尔布罗特在1982年出版的《大自然的分形几何》一书中对传统线性科学的批评道:"传统几何学之所以被描述为'cold'(无生气的)和'dry'(枯燥乏味的),一个很重要的原因是,因为它不能描述云、山脉、海岸线、树木等物体的自然形状。由于云团不是球形,山脉不是锥形,海岸线不是圆的,树皮不是平滑的,闪电不是沿直线行进,更一般的,自然界里还有许多其他种类的模型,它们与欧几里德几何所处理的光滑、规则形状的模型不一样,都是一些非常不规则和破碎的物体形状模型。这些被欧几里德几何认为无定形的表面几何学要求我们去研究它,但是以往的数学家们却无视这种要求,只是在自己的象牙塔里设计着各种离我们的日常生活越来越远的理论"[114]。代表着革新与实用的分形理论经过二十多年的发展,已经渗透到包括数学、物理学、化学、生物学、地学、冶金学、岩石力学、材料学、地理学,甚至经济学、书法艺术等广泛领域中,其衍生出的分形方法论成为认识和解决众多复杂难题的有效手段,因为人们越来越意识到尽管现实世界中的事物看起来是形形色色、错综复杂的,但它们可能都是具有分形特征的。

6.2　分维的定义和测算

分形理论的原理就是从自相似性出发去认识描述事物,并由此产生了一个全新的概念——用分形的某个特征量去描述事物自相似性,而反映分形的特征量叫做分维数,其数值大小反映复杂的程度,比如对于弯曲复杂相同的海岸线来说,它们的分维数相同。

分维数即分形维数,维数是几何对象的一个重要特征量,按我们传统的描述,点是零维,线是一维,面是二维,体是三维,这显得过于简单了,比如一个看起来非常光滑的金属,在显微镜下也会凹凸不平,粗糙不堪。所以,对于现实中的事物,用分维数来描述可能会更接近实际。以下是几个与分维数密切相关的几种维数及其计算方法。

6.2.1　拓扑维

维数可以定义为一个几何对象的维数等于确定其中一个点的位置所需

要的独立坐标数目[117]。例如，对于二维平面(x, y)中的一条曲线$y = f(x)$，要确定其中任一点(x_i, y_i)的位置，需要在x轴，y轴各取一值，但这对数并不是随便取的，它们必须满足$y_i = f(x_i)$的关系。所以，对这个几何对象来说虽然用了两个坐标，但独立的只有一个，因此它的维数是1。通常，上述定义的维数也称为拓扑维数，其几何含义为一个几何对象中相邻的点，只要保持连续性，那么无论通过怎样拉伸、压缩、扭曲变成各种形状，相邻的点仍然保持相邻，所以说拓扑维是拓扑变换的不变量。

关于拓扑维数d的测算方法，可以用盒子法来进行推导[117]。设一边长为1单位长度的线段，如图6-1所示，如果用$r = 1/2$的尺子去测量，就会发现它由2条1/2单位长度的线段构成，其关系为：

$$N\left(\frac{1}{2}\right) = 2 = \frac{1}{\left(\frac{1}{2}\right)^1} \tag{6.1}$$

如果我们用$r = 1/2$的尺子去测量二维的1单位长度正方形，就会发现它由边长为1/2的4个小正方形组成，也就是说用边长1/2的4个小正方形就可以把它完全覆盖，小正方形N和尺子r满足关系：

$$N\left(\frac{1}{2}\right) = 4 = \frac{1}{\left(\frac{1}{2}\right)^2} \tag{6.2}$$

以此类推，如果改用$r = 1/10$的尺子，覆盖它所需的小正方形数为：

$$N\left(\frac{1}{10}\right) = 100 = \frac{1}{\left(\frac{1}{10}\right)^2} \tag{6.3}$$

从中可以看出，当尺子r变化时，小正方形数$N(r)$也随之变化，但它们的一2次指数关系是不变的，这个指数2即是正方形的维数。对于图6-1中3维的1单位长度立方体，同样可以验证尺子r和覆盖它所需小立方体数$N(r)$有一3次指数关系：

$$N(r) = \frac{1}{r^3} \tag{6.4}$$

于是对于一个d维的几何对象，覆盖它所需要的小盒子数$N(r)$和所用尺子(r)的关系为：

$$N(r) = \frac{1}{r^d} \tag{6.5}$$

在经典几何中,这个关系对一切几何对象都成立,维数 d 可以通过把
(6.5)式两边取对数,通常这个关系被看作是拓扑维数的定义[117]:

$$d = \frac{\ln N(r)}{\ln \frac{1}{r}} \qquad (6.6)$$

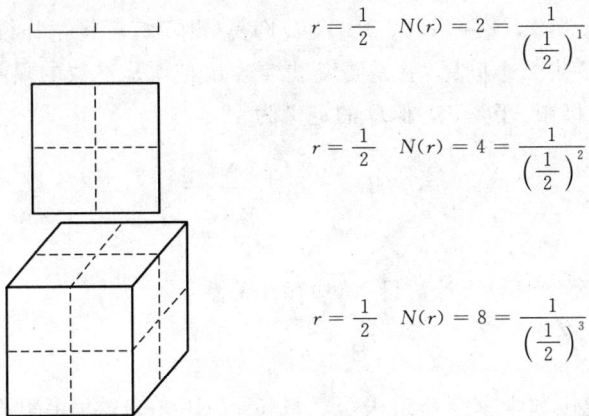

$r = \frac{1}{2} \quad N(r) = 2 = \frac{1}{\left(\frac{1}{2}\right)^1}$

$r = \frac{1}{2} \quad N(r) = 4 = \frac{1}{\left(\frac{1}{2}\right)^2}$

$r = \frac{1}{2} \quad N(r) = 8 = \frac{1}{\left(\frac{1}{2}\right)^3}$

图 6-1　拓扑维的测算[117]

6.2.2　豪斯道夫维数

由上述的拓扑维计算可以看出,拓扑维有两个特点:一是维数 d 为整
数;二是虽然盒子数 $N(r)$ 随着尺子 r 变小而不断增大,但几何对象的总长度
(总面积或总体积)是保持不变的。然而真实的自然界中物体几乎是不存在
纯粹的整数维,如海绵立方块:从表面上看海绵立方块是一个立方体,是 3 维
的。但它是以某一构造规则而形成具有许多孔洞的高度无序结构。在一定
压力下它能被压实在一个平面上,这时就是 2 维的。这说明表观看上去充实
的立方体实际上是部分充实的 3 维结构,其真实维数大于 2.0 小于 3.0。可
见,经典几何的拓扑维数只能反映物体的表观现象(立体是 3 维的,平面是 2
维的),而对于现实事物的本质刻画是无能为力的。

分形几何区别于经典几何最基本点就是维数可以不为整数。以海岸线
问题为例,按照欧氏几何的观点,海岸线长度应是一维的,如果用尺度为 r 的
码尺去测量,则它的总长度 L 为:

$$L = N \times r = const \qquad (6.7)$$

式中，N 为用码尺 r 测量海岸线总长度所需的次数，L 为常数。但上文已指出像海岸线这种极不规则的自然曲线，它的总长度 $N \times r$ 并不为常数，而且当 r 取得越小，被量测出的海岸线长度 L 就越大，直至趋近于无穷，这组关系可以表达为：

$$L(r) = N \times r = L_0 \times r^{1-D}, \lim_{r \to 0} L(r) = \infty \qquad (6.8)$$

式中：L_0 为常数，$D \in (1.0, 2.0)$，D 即是分维数。若将拓扑维 d 拓展到分维 D，就必须解决 2 个问题：一是要突破维数 d 必须是整数的限制，二是要对公式(6.8)取极限。于是，分维 D 的定义为：

$$D = \lim_{r \to 0} \frac{\ln N(r)}{\ln \dfrac{1}{r}} \qquad (6.9)$$

其中，测量尺度 r 与统计数目 $N(r)$ 存在关系：

$$N(r) = r^{-D} \qquad (6.10)$$

这是德国数学家豪斯道夫(F. Hausdorff)在 1919 年引入的维数定义，又称豪斯道夫维数，它是最基本的分维，分形领域中各种分维数都是由豪斯道夫维数衍生出来的。一般来说，分维要大于拓扑维但小于分形所位于的空间维[117]。

6.2.3 关联维

根据分维的概念，分维是判断一个系统复杂到什么程度的特征量，因此在科学研究中，可以为事物建立各种各样具备分形特征的系统，用分维数对这个系统的复杂程度加以描述。这就派生出许多不同定义的分维数和测算方法，其中有一种描述子相空间中各个点之间关联程度的维数——关联维。

设在某子相空间中，分布有 N 个相点 r_1，r_2，r_3，$\cdots$，r_i，$\cdots$，r_N，那么可以认为在这些点之中空间距离越近的点其相互关联程度越高。于是可以任意给定一个尺度 r，然后统计在这些点中有多少点对(r_i, r_j)之间的距离 $|r_i - r_j|$ 小于 r，把距离小于 r 的点对数占总点对数 N^2 的比例记作 $C(r)$，它可以表示为[117]：

$$C(r) = \frac{1}{N^2} \sum_{i, j=1}^{N} H(r - |r_i - r_j|), (i \neq j) \qquad (6.11)$$

其中 $H(r)$ 为 Heaviside 越阶函数,即

$$H(r) = \begin{cases} 1, & (d_{ij} \leqslant r) \\ 0, & (d_{ij} > r) \end{cases} \tag{6.12}$$

在这个关系中,如果 r 取得太大,所有点对都没有超过它时,则在公式 (6.11) 中,$C(r) = 1$,$\ln C(r) = 0$,这样的 r 测不出相点之间的关联信息;如果 r 取得过小,则周围的一些偶然行为对系统的影响将表现出来,具有偶然性。因此,这些点之间关联的分形特征是在 r 值的某个区间内存在的,这个区间被称作无标度区,超出这个无特征尺度区就无法反映研究问题的本质。在无标度区间内存在如下关系:

$$C(r) = r^D \tag{6.13}$$

上式中的 D 就是关联维。

在有关分维的理论中,还有许多不同定义的维数,以上介绍的这几种是在本书分析中涉及的分维概念和计算方法。

6.3　城镇体系的分形特征

城镇体系是一个复杂的系统,其无标度性的特点是显而易见的,现实中不可能用某个具体的计量单位去描述城镇体系。同时,城镇体系的自组织演化是受到某种规律支配的,区域内的城市是在相互依存和相互竞争的矛盾中发展的,一个城镇的兴起会对其周边一定范围内的聚落成长产生抑制作用,大城市的发展必然对其邻近的中小城镇有一定的抑制效应。在理想的地理表面,城市会出现均匀分布,但在现实中,城市会通过相互协同呈现一定的分布规则,自相似的空间分布正是这种协同的结果。人的意识作用虽然能够在某种程度上改变城市竞争态势,影响空间结构的优劣,但并不可能消除系统的自组织作用。正是系统要素的相关成长及其与环境的协同作用造就了区域城市的分形景观[118]。城镇体系空间结构具有自相似性的分形原理可以追溯到城市地理学中的经典理论——中心地理论。

6.3.1　城镇体系空间结构的分形特征

德国著名地理学家克里斯泰勒(W. Chirstaller)于 1933 年提出的中心地理论是关于城镇体系的重要理论。他采用六边形图式对城镇等级与规模的关系加以概括,建立城镇体系空间分布的模式。研究发现克里斯泰勒的六

边形模式中隐含着科赫(Koch)雪花曲线[119](图 6-2)。

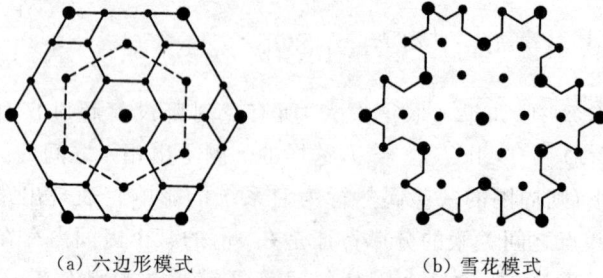

(a) 六边形模式　　　　　　　　　(b) 雪花模式

图 6-2　六边形模式与科赫雪花模式[119]

　　基于这种发现,学者们提出城镇体系空间分布的科赫模式。这种模式认为在严格均匀的地理背景上,城镇体系将依据等距法则三点相关式起始,按照科赫雪花曲线随机扩展,其结构和规模的分布呈现出自相似图式。所谓等距法则,可以定义为:如果某地出现 A、B 两个城市,则第三个城市 C 应出现在与 A、B 等距离的位置上,三者构成等边三角形。由于市场条件的作用,在三角形的重心将产生第四个城市 G,这一城市有可能发展成为该区域的中心城市。第五、第六、第七个城市应分别与 A、B、G 或 B、C、G 或 A、C、G 等距,于是形成六角形结构。依此规则新城市不断生成,城镇体系不断扩展[120]。这样,由大、中、小城市、镇至乡村层层嵌套,构成一个区域中的科赫雪花曲线的城市空间分布模式(图 6-3)。

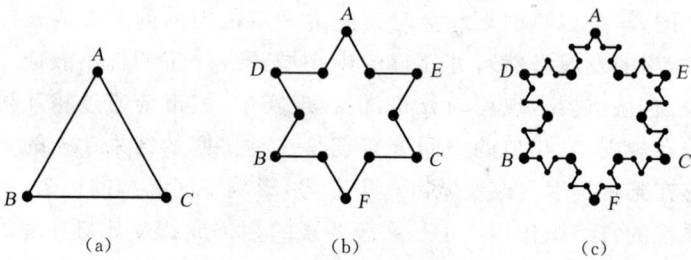

(a)　　　　　　　　(b)　　　　　　　　(c)

图 6-3　科赫雪花模式城镇体系的扩展过程[120]

　　可以看出,克里斯泰勒的六边形模式是一种静态均衡的城市空间分布模式,用科赫雪花曲线描述的城市空间分布模式则使其变为动态扩展体系,从而反映非线性相关机制的深刻道理。科赫雪花模式可与克里斯泰勒六边形模式一起构成互为补充的描述城镇体系空间分布的理论,然而科赫模式是以理想、均匀的地表假设条件为前提而呈规则对称状态的,显然,在实际情形中这种有规则的层次分布是很少见的,历史的、政治的和地理的因素很多,它们破坏着空间的对称性,使得现实中的城市不可能完全按照科赫模式的安排进行分布。但不可否认,等距法则仍在潜移默化地发生作用,并导致城镇体系在一定的时空范围内会表现出某种聚集(Aggregation)特征的分形[121]。

从城镇体系随机聚集的示意图(图6-4)中可以清楚地看到,区域中的各城镇都围绕中心城镇进行分布。这种分布虽然看似随机的、不规则的。不过细心研究不难发现,它们的分布呈现某种聚集性特征。以区域内中心城市 C_1 为圆心,R 为半径画圆,与中心城镇距离小于 R 的城镇都将会被包括在这个圆中。并且,R 取值越大,位于圆中的城市也越多,当 R 值大于离中心城镇最远的城镇与中心城镇之间距离时,区域的所有城镇都将包括在内。经学者研究发现,R 的数值大小与以 R 为

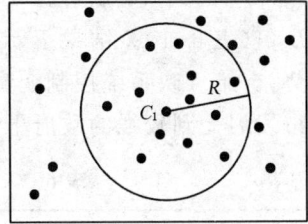

图 6-4　城镇体系随机聚集示意图[118]

半径的圆内城镇数目存在某种比例关系[118]:因受极化作用的影响,这种聚集将表现出向心性的特征,即与中心城镇越近,聚集程度会越高,城镇密度变大,反之,随着距离的增加,中心城镇的影响力随之减弱,聚集程度会不断降低,城镇密度变小。因此,可以认为城市空间分布在一定区域内的确表现出分形的,并且呈现某种分布特征和规律。

6.3.2　城镇体系规模结构的分形特征

一定区域内的城镇体系不仅在空间结构上表现为分形,而且其规模结构同样也具有一定的分形特征,表现在规模的分布上。城镇规模分布一般是用城市人口规模的层次分布来衡量的,该分布反映城市从大到小的序列与其人口规模的关系,揭示一个国家或地区内城市人口的分布规律(集中或分散)。在本书第4章提到关于城镇等级规模结构的哲夫公式揭示城镇体系的人口—位序法则[119]:

$$P_i \times R_i^q = K \qquad\qquad (6.14)$$

式中:R_i 为城市位序($i = 1, 2, \cdots, n$),P_i 为序列 i 城市的人口数,K 是最大城市即首位城市的人口数,为常数。幂指数 q 亦可视为常数。显然,P_i 与 R_i 的关系满足负幂律:

$$P_i \propto R_i^{-q} \qquad\qquad (6.15)$$

这近似于豪斯道夫维数的定义。可见,哲夫法则具有分形意义,是一种自相似,它的分维 $D = 1/q$。公式(6.15)可以表示为:

$$P_i = K \times R_i^{-\frac{1}{D}} \tag{6.16}$$

式中的 D 值随着区域经济发展而变化,不同的区域其变化特点不同。以我国为例,许学强等人运用哲夫公式对 100 个城市 1953 年,1963 年,1973 年和 1978 年的人口资料进行计算,得出各个时期的 q 值[122],并据此得到相应的 D 值(表 6-1)。结果显示,我国城市规模分布的分维在总体上呈增大趋势,分维反映系统控制变量的多少,D 值增大表明 1953—1978 年间我国城市发展受到较强的政府干预,政策因素加强了城市系统的控制参量。

表 6-1　中国城市规模分布的 D 值变化[118]

年份	K 值	q 值	D 值	相关系数 γ
1953	781.18	0.906	1.104	−0.990
1963	910.87	0.838	1.193	−0.992
1973	554.84	0.811	1.233	−0.991
1978	773.56	0.762	1.312	−0.987

长期以来,哲夫公式的幂指数一直使地理学家迷惑不解。随着分形理论的产生,学者们意识到哲夫法则实质上揭示了城市规模结构的分形特征,城市规模分布是一种稳定分布,自相似性为其本质特征。

6.4　城镇体系的分形分析——以江阴市为例

6.4.1　城镇体系分形研究框架

由城镇体系的分形原理可知,城镇体系的规模结构与空间结构都具有分性特征,因此认识城镇体系的分形特征可以为城镇体系规划的现状分析提供一个有益视角。本章根据分形理论,以江阴市为例,通过建立城镇体系规划规模结构和空间结构的分形模型,计算江阴城镇体系规模分布的分形维数、空间结构的聚集维数和关联维数,分析江阴城镇体系规模结构与空间结构的现状特征,在此基础上对江阴市城镇体系规划提出建议(图 6-5)。

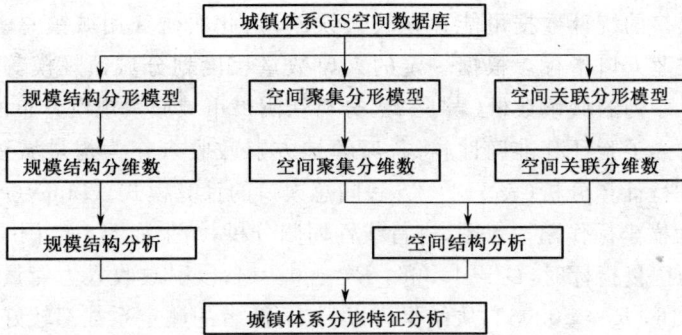

图 6-5　城镇体系分形分析框架图

6.4.2　城镇体系规模结构的分形分析

1) 城镇体系规模结构的分形模型

城镇的等级规模分布具有统计自相似性,因此,城镇体系规模分布具有分形特征。确定分维的方法有多种,其中最基本、最常用的是豪斯道夫维数。对于一个特定区域,将城镇人口规模从大到小排序,用人口尺度 r(r 用人口数量表示)来度量人口规模大于 r 的城镇数目 $N(r)$,改变人口尺度 r 时,区域内的城镇数目 $N(r)$ 也会随之改变,当 r 由大变小时,$N(r)$ 不断增多,在某个标度范围内,$N(r)$ 与 r 满足关系:

$$N(r) \propto r^{-D} \tag{6.17}$$

显然这是一个分形模型,其中 D 便是豪斯道夫维数,它表征的是城市规模分布特征。随着 r 取值的不断减小,$N(r)$ 的数量也就越多。对于公式(6.17)两边取对数,将其转化为:

$$\ln N(r) = A - D\ln r \tag{6.18}$$

在公式 6.18 中,A 为常数,$N(r)$ 为城镇人口数量超过一个给定尺度 r 的城镇个数。一般来说,D 值的大小具有明确的地理意义,直接反映城镇体系等级规模结构。当 $D < 1$ 时,表示该区域的城镇体系等级规模差异明显,人口分布差异程度较大,首位城市人口规模大,具有较强的垄断性;当 $D = 1$ 时,表示该区域首位城市与最小城市的人口规模之比恰好为区域内整个城镇体系的城镇数目,这是理想自然状态下的最优分布;当 $D > 1$ 时,表示该区域城镇规模差异较小,人口分布比较均衡,中间位序的城镇数目较多[123~126]。

2) 江阴城镇体系规模结构的分形特征

按照一般方法,衡量人口规模以非农业人口数量为指标,但由于江阴市非农业人口的统计数据可能存在较大误差,则此次研究用城镇总人口指标代替非农业人口指标。根据一定的人口数量尺度划分城镇规模等级序列,统计每个序列的城镇数量(表 6-2),分析江阴市市域城镇规模分布的分形特征。同时为了验证其准确性,将各城镇地方财政收入作为衡量城镇规模参考指标进行计算分析(表 6-3),方法同总人口的计算模式。以 $\ln N(r)$ 为纵坐标,$\ln r$ 为横坐标作出散点图,进行线性回归分析,结果如图 6-6、图 6-7 所示,以人口为衡量指标时,$D = 1.366$,$R^2 = 0.914$;以财政收入为衡量指标时,$D = 1.216$,$R^2 = 0.962$,从结果可以看出,两者的测定系数都较好,且分维值 D 都大于 1,分形意义相同,说明江阴城镇体系的人口规模和经济规模都具有分形特征,城镇规模差异较小,中间位序的城镇数目较多。

表 6-2　江阴市城镇规模统计表(人口)

城镇规模尺度(人口)	城镇数量(个)
≥200 000	1
≥100 000	2
≥80 000	4
≥60 000	6
≥50 000	11
≥40 000	14
≥30 000	15
≥20 000	16

表 6-3　江阴市城镇规模统计表(财政)

城镇规模尺度(万元)	城镇数量(个)
≥80 000	3
≥40 000	5
≥36 000	8
≥32 000	9
≥28 000	10
≥24 000	13
≥20 000	15
≥19 000	16

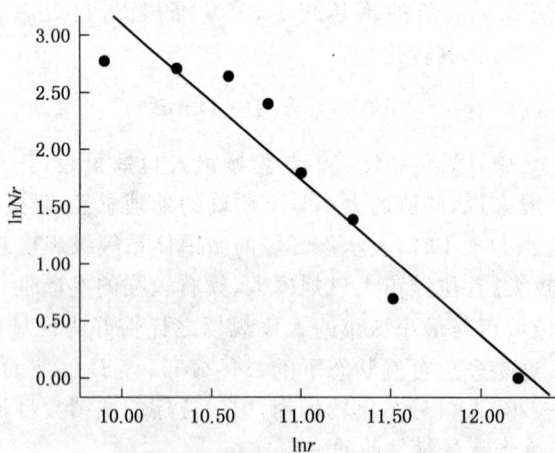

图 6-6　江阴市城镇规模(人口)双对数坐标图

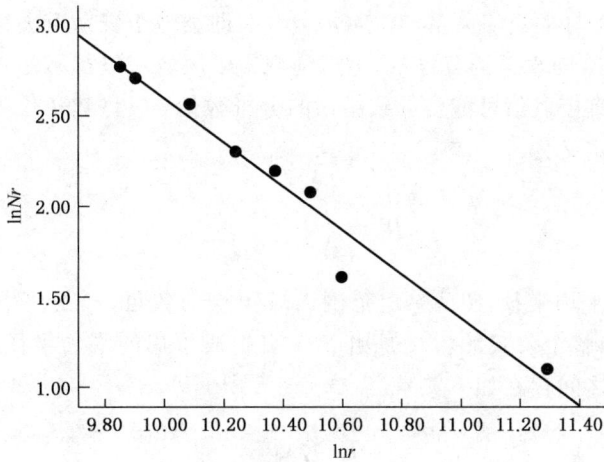

图 6-7　江阴市城镇规模(财政)双对数坐标图

另根据马克·杰斐逊的城市首位律,以城市的非农业人口的比值作为首位指数,其公式如下[127,128]:

$$S_1 = P_1/P_2$$

$$S_4 = P_1/(P_2 + P_3 + P_4)$$

$$S_{11} = 2P_1/(P_2 + P_3 + P_4 + P_5 + P_6 + P_7 + P_8 + P_9 + P_{10} + P_{11})$$

其中 P_1 指的是首位城市。按照城市位序-规模的原理,正常的 2 个城市指数为 2,而 4 个城市指数和 11 个城市指数都为 1。江阴市的 2 个城市指数 S_2 = 2.74,4 个城市指数 S_4 = 0.75, 11 个城市指数 S_{11} = 0.65。

从分形分析和首位度分析的结果可以看出,江阴市的首位城镇虽较第二位的城镇规模差异较大,但中间位序的城镇数目较多,发展都达到一定规模,首位城市区域优势不明显,总体上呈现区域城镇规模差异较小,大部分城镇规模相近的特征。然而这不是规模结构的理想状态,理想状态下规模分布应该是具有随着位序的降低,相应规模的城镇数量增加的趋势,分布呈现金字塔式结构。

6.4.3　城镇体系空间结构分形分析

1) 城镇体系空间聚集的分形模型

空间结构是城镇体系的重要特征之一,描述城市在地域空间上分布的自相似分形特性的是空间集聚分维数。假定城镇体系按某种自相似规则围绕中心城市(一般是等级体系中的首位城市)呈凝聚态分布,且城镇体系的各城镇向各个方向均匀变化,则可借助几何测度关系确定半径 r 的圆周内城

市数目 $N(r)$ 与半径的关系,有 $N(r) \propto r^D$,即类似于豪斯道夫维数的公式,式中 D 就是空间聚集的分维数,考虑到现实中区域一般都不是正圆形,因此上式中 r 若直接取值可能会导致错误的分维数值,应将其转化为平均半径,平均半径的定义为:

$$R_s \equiv \Big(\sum_{i=1}^{s} \frac{r_i^2}{S} \Big)^{\frac{1}{2}} \tag{6.19}$$

式中:R_s 是平均半径,S 是一定范围内城镇点的数目,r_i 是从中心点到第 i 个点的距离,整个公式的含义是由 S 个点组成聚集的平均半径。平均半径与城镇数目之间存在如下关系:

$$R_s \propto S^{\frac{1}{D}} \tag{6.20}$$

亦可转换为:

$$S \propto R_s^D \tag{6.21}$$

D 一般以欧式维数 2 为参照标准,如果 $D > 2$,则城镇体系要素的空间分布从中心向四周呈密度递增,城镇体系空间分布呈漏斗离散态分布,这是一种非正常的情况,且 D 值越大其城市空间分布的离散程度越高;如果 $D = 2$,城镇体系的要素分布在半径方向上是均匀变化的,城镇体系空间分布呈均匀分布;如果 $D < 2$,城镇体系的空间分布从中心向四周密度递减,城镇体系空间分布呈集聚态分布,且 D 值越小其城镇空间分布的集聚程度越高[121,129]。

2) 江阴城镇体系空间聚集的分形特征

根据上述模型,通过统计中心城市江阴市区与各城镇城区之间的直线距离数据,可以求出平均半径(表6-4)。以 $\ln S$ 为纵坐标,$\ln R_s$ 为横坐标作散点坐标图(图6-8),测得聚集维数 $D = 1.337$,测定系数 $R^2 = 0.997$,从 D 值大小来看,江阴市的城镇体系有明显的聚集性,表现出城市密度从中

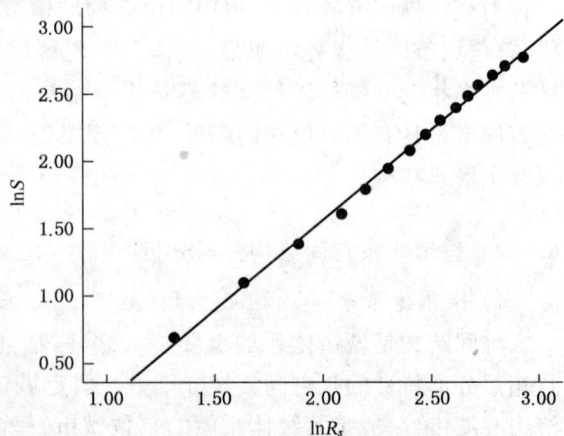

图6-8　江阴市城镇体系空间聚集的双对数坐标图

心市区向四周衰减的特征(图6-9,见彩图)。

表6-4　江阴市域城镇数目与平均半径统计表

城镇名	城镇序号(S)	平均半径(R_s)
澄 江	1	0
夏 港	2	3.71
南 闸	3	5.13
云 亭	4	6.60
申 港	5	8.05
月 城	6	8.98
周 庄	7	9.98
青 阳	8	11.03
利 港	9	11.86
霞 客	10	12.69
祝 塘	11	13.65
华 士	12	14.43
璜 土	13	15.12
新 桥	14	16.17
长 泾	15	17.14
顾 山	16	18.70

3) 城镇体系空间关联的分形模型

上文中提及的关联维数是专门用于测度事物关联信息的分维数,而城镇体系内的各城镇之间会通过物质流、能量流和信息流的传输和交换而相互作用、协同发展,形成一定的增长关联机制,这种关联机制会促使城镇的空间分布显示出一定的规律并具有自相似的分形特征,因此可以采用关联维数来测度城镇之间相互作用和空间联系。其公式为:

$$C(r) = \frac{1}{N^2} \sum_{i,j=1}^{N} H(r - d_{ij}) \quad (i \neq j) \tag{6.22}$$

$$H(r) = \begin{cases} 1, & (d_{ij} \leqslant r) \\ 0, & (d_{ij} > r) \end{cases} \quad (i \neq j) \tag{6.23}$$

式中:$C(r)$为筛选的城镇数目;r为给定的距离标度;d_{ij}为城镇体系内第i个与第j个城镇之间的空间距离;$H(r)$为Heaviside越阶函数。根据城镇体系空间分布标度不变性的分形特征有：

$$C(r) \propto r^D \qquad (6.24)$$

式中：D 为关联维数，其地理意义反映了城镇之间空间相互作用的规律性。D 的取值范围一般介于 $0\sim2$，其值越小，说明该区域城镇体系空间分布的集中度越高，空间联系越紧密，空间相互作用也越强；反之，其值越大，则说明该区域城镇体系空间分布越分散，相互作用也就越弱[129~132]。

4）江阴城镇体系空间关联的分形特征

根据上述模型，首先确定江阴市区为中心城市。考虑到现实中城镇间的直线联系是在理想状态下，因此，本书采用城市之间的直线距离（乌鸦距离，Crow Distance）的同时，也对其营运距离——城市之间的公路长度（蜗牛距离，Cow Distance）进行计算。从 GIS 数据库中可以获取直线距离和营运距离数据构建 16×16 矩阵（表 6-5）。

表 6-5　江阴市城镇直线距离矩阵

	澄江	璜土	利港	申港	夏港	云亭	周庄	南闸	月城	青阳	霞客	祝塘	长泾	顾山	新桥	华士
澄江	0															
璜土	22	0														
利港	17	7	0													
申港	12	10	7	0												
夏港	5	17	12	7	0											
云亭	10	29	26	20	13	0										
周庄	15	35	36	26	19	6	0									
南闸	7	20	17	11	6	9	15	0								
月城	13	19	19	12	11	13	18	5	0							
青阳	17	24	24	17	16	13	18	10	5	0						
霞客	19	31	30	24	20	11	13	13	12	8	0					
祝塘	21	37	35	29	24	11	10	18	18	15	7	0				
长泾	27	44	42	36	30	18	14	25	25	22	13	7	0			
顾山	34	52	50	43	38	25	20	33	33	29	21	15	8	0		
新桥	26	45	42	36	30	17	12	25	27	24	17	10	6	9	0	
华士	21	41	38	32	25	12	7	21	23	21	14	8	9	14	5	0
	澄江	璜土	利港	申港	夏港	云亭	周庄	南闸	月城	青阳	霞客	祝塘	长泾	顾山	新桥	华士

以步长 $\Delta r = 5$ 来取距离标度 r，则距离在 r 内的城镇之间的距离点数 $C(r)$ 随着 r 的变化而变化，这样就可以得到一系列点对 $(r, C(r))$（表 6-6）。

表 6-6　直线距离码尺 r 及其"筛选"距离数目 $C(r)$

序　号	1	2	3	4	5	6	7	8	9	10	11
r	5	10	15	20	25	30	35	40	45	50	55
$C(r)$	21	40	65	86	104	115	123	128	134	135	136

以 $\ln r$ 为横坐标，$\ln C(r)$ 为纵坐标作双对数散点坐标图（图 6-10），考虑到符合分形特征的无标度范围，则根据无标度范围内的点计算关联维数 $D = 0.917$，测定系数 $R^2 = 0.983$，数值偏小，说明江阴城镇体系空间分布的集中度较高，空间联系较为紧密。

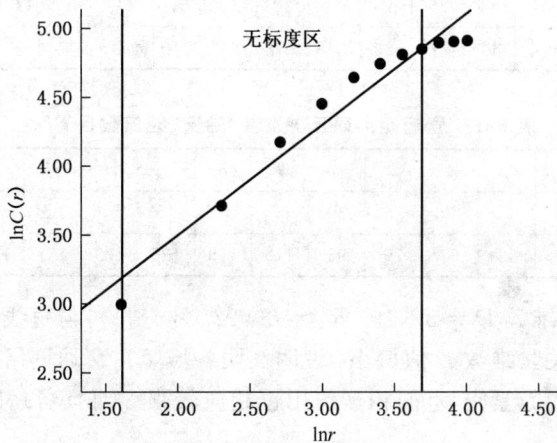

图 6-10　直线距离的空间关联双对数坐标图

依同样原理可计算基于公路的营运距离（表 6-7，表 6-8）。

表 6-7　江阴市城镇营运距离矩阵

	澄江	璜土	利港	申港	夏港	云亭	周庄	南闸	月城	青阳	霞客	祝塘	长泾	顾山	新桥	华士
澄江	0															
璜土	23	0														
利港	19	9	0													
申港	13	10	10	0												
夏港	7	17	13	7	0											
云亭	12	33	30	23	17	0										

	澄江	璜土	利港	申港	夏港	云亭	周庄	南闸	月城	青阳	霞客	祝塘	长泾	顾山	新桥	华士
周庄	21	41	42	32	25	7	0									
南闸	8	26	22	16	9	17	23	0								
月城	15	33	29	19	18	20	24	7	0							
青阳	19	37	33	28	27	24	28	11	8	0						
霞客	22	41	37	31	25	20	18	19	16	9	0					
祝塘	28	49	46	39	33	16	13	23	21	18	10	0				
长泾	39	60	57	50	44	27	24	34	33	29	21	11	0			
顾山	41	67	64	57	51	34	31	41	40	36	28	18	9	0		
新桥	30	51	48	41	35	19	16	30	31	30	23	13	18	0		
华士	24	44	41	34	28	13	11	28	29	31	23	15	17	14	7	0
	澄江	璜土	利港	申港	夏港	云亭	周庄	南闸	月城	青阳	霞客	祝塘	长泾	顾山	新桥	华士

表 6-8　营运距离码尺 r 及其"筛选"距离数目 $C(r)$

序　号	1	2	3	4	5	6	7	8	9	10	11	12	13	14
r	5	10	15	20	25	30	35	40	45	50	55	60	65	70
$C(r)$	16	31	43	63	79	95	110	116	125	129	131	134	135	136

测得关联维数 $D = 0.919$，$R^2 = 0.992$（图 6-11），与直线距离的分形结果性质相同，关联维数 D 值偏小，说明江阴各城镇在交通网络上的集中度较高，交通联系较为紧密，空间相互作用也相应较强。而且营运距离与直线距

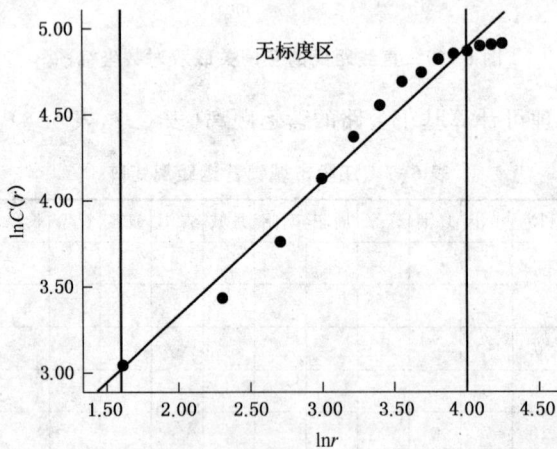

图 6-11　营运距离的空间关联双对数坐标图

离之比为 1.003,接近 1,说明江阴的交通网络体系较为完善,总体通达性较好。

6.5 结论与建议

(1) 综上所述,江阴城镇体系的规模结构与空间结构都具有分形特征。在规模结构上,从人口与经济两个方面都反映出江阴城镇规模总体差异较小,小城镇有相当程度的发展,反而是中心城镇未达到理想发展规模;在空间结构上,区域的城镇空间分布集中度较高,呈现围绕中心城镇的向心式聚集,城镇密度从中心镇自内向外衰减,这是理论上的正常分布,各城镇之间的联系无论在空间上还是交通上都较为紧密,区域通达性较好。总体上看,江阴城镇体系的分形结果较为合理,但规模结构有待进一步优化。

(2) 江阴中心城镇规模偏小,规模结构需要进一步优化,建议在城镇体系规划以及今后的发展中,要以建设功能完善、规模相当的中心城镇,突出中心城镇的地位为目标。江阴户籍人口有近 120 万,还有 70 余万外来人口,并且从目前发展态势来看,这组数字还会增加,江阴已具备建设大型城市的条件,但目前城镇的发展还明显缺乏统筹规划,区域各镇大都以发展工业为目标,不可避免地带来了重复建设、盲目发展、侵蚀耕地和加重环境污染等问题,长此下去必然会影响城市的可持续发展。因此在城市化进程中应有意识地引导农业人口重点向各组合片区的主副中心城镇转移,明确各镇产业分工与功能定位,建立中心城镇—副中心城镇—小城镇的三级序列,这不仅有助于优化城镇规模结构,实现各城镇的统筹发展,发挥体系之和大于各部分之和的体系功能,也符合我国土地集约化利用的发展政策。

(3) 从空间关联的分析结果可以看出,受现实中自然和人为等因素的影响,即使是江阴这样的平原地区,在拥有较为完善的道路系统情况下,也不可能实现理想状态下的最优直线关联。因此,在信息时代的今天,城镇体系规划要在完善区域交通体系的同时,做好通信基础设施规划的内容,通过发展互联网、远程工作、可视电话、电子商务等新的联系方式取代部分交通,降低出行成本,实现交通与通信技术的互补,为构建新时期城镇体系的两大空间——基于高速交通的有形网络空间和基于信息高速公路的虚拟网络空间做充足的准备。

6.6　本章小结

　　本章引入非线性科学分形理论,论述城镇体系具有分形特征的原理,并在 GIS 技术的支持下,以江阴市为例,建立城镇体系规模结构和空间结构的分形分析模型,根据规模结构分维数、空间聚集分维数和空间关联维数的计算结果,得出江阴城镇体系现状具有各城镇规模差异较小,规模结构不理想,空间分布具有围绕中心城镇的向心性聚集分布,城镇间空间关联较为紧密的总体特征,并在此基础上,提出扩大中心城镇规模、优化规模结构、强调主次中心城镇集聚的区域发展模式,同时重视网络信息技术建设的规划建议。

7　结　论

本书以江阴市域城镇体系规划为研究案例,基于 GIS 的技术支持,从景观生态学、城镇体系组织结构、空间统计学、分形理论四方面进行应用研究,主要结论包括以下几个方面:

(1) 景观生态学中的景观格局与景观生态安全格局分析方法可以用于城镇体系规划的生态建设规划编制中。在景观生态学视角下,区域具有各种类型的景观斑块镶嵌式格局。通过将用地类型归纳为相应的景观类型,选取景观优势度、分形分析、聚集度与分离度、景观连接度、景观多样性 5 个方面的代表性指标,根据各指标的计算结果对区域景观格局进行综合分析;在 GIS 技术的支持下建立区域生态阻力面,在阻力面的基础上识别区域景观生态安全格局。景观格局与景观生态安全格局的分析结果可以作为生态建设规划的重要依据,能够为城镇体系规划提出生态内容方面的规划原则与目标。

(2) 基于 GIS 的空间数据库,探讨城镇体系等级规模结构、职能类型结构、空间结构以及城镇发展条件评价的量化研究方法。通过选择人口规模、行政职能、空间范围、社会经济、投资环境 5 个方面的相关指标,进行多指标综合分析,对现状城镇体系结构进行划分;引入区位熵模型,根据各城镇三大产业的区位熵值并结合城镇产业发展现状的定性描述,判断各城镇的主导产业,初步规划各城镇的职能类型;借助城镇间引力模型计算中心镇与其余各镇的空间相互作用力,划分区域城镇体系空间组合聚集区;根据江阴的特点总结出影响城镇发展的 7 个一级因子和 13 个二级因子,综合评价各镇的城镇发展条件,并针对现状问题提出了发展建议。

(3) 空间统计学中的空间自相关分析方法能够用于城镇经济关联研究。根据空间统计学原理,区域城镇体系中各城镇具有邻近性的关系,存在空间自相关的关系。以村为单元,以人均收入为分析变量,选择 2 个全局空间自相关指数和 2 个局部空间自相关指数,对城镇体系经济的空间格局进行空间自相关分析。研究证明,相比对原始数据简单的直观分析,空间自相关分析更能深刻揭示城镇经济格局的特征,发现各城镇之间的内在联系,弥补传统统计分析方法忽略事物空间自相关性的不足之处,对城镇体系规划的城镇空间组合及城镇发展战略的制定具有重要的参考意义。

（4）分形理论在城镇体系规划的前期分析中具有一定的应用价值。城镇体系的等级规模结构、空间结构具有分形特征，通过计算等级规模结构分维数、空间结构聚集维数、空间结构关联维数，有助于评价现状城镇体系的等级规模结构与空间结构的合理性，为城镇体系组织结构的现状分析提供参考，并为规模结构和空间结构规划提出发展建议。

（5）相关理论和方法与 GIS 技术结合，对于城镇体系规划具有显著的改进和提升作用。本书在 GIS 空间数据库的支持下，从景观生态学、城镇体系组织结构、空间统计学、分形理论四个方面进行实证研究，研究内容虽然相对独立，但是分析数据都来源于研究中建构的 GIS 空间数据库，各种分析方法与数学模型的应用也都结合 GIS 技术，表明 GIS 技术是帮助规划师联系城市规划与相关学科的重要纽带。

彩　图

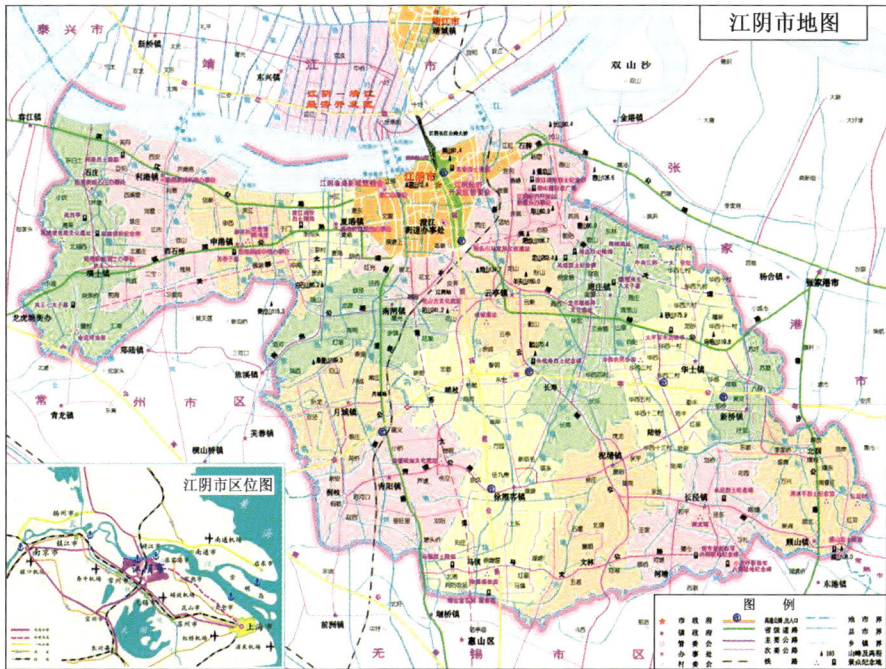

图 2-1　江阴市地图[47]

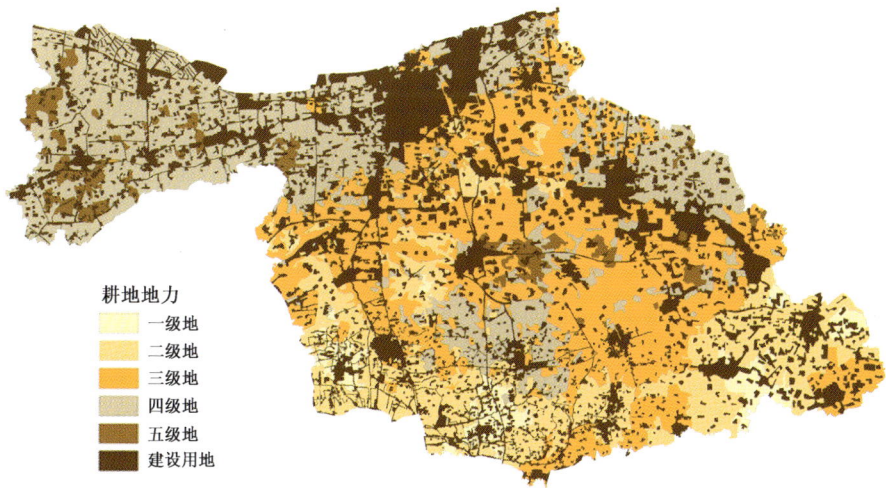

耕地地力
一级地
二级地
三级地
四级地
五级地
建设用地

图 2-3　江阴市地力等级图[48]

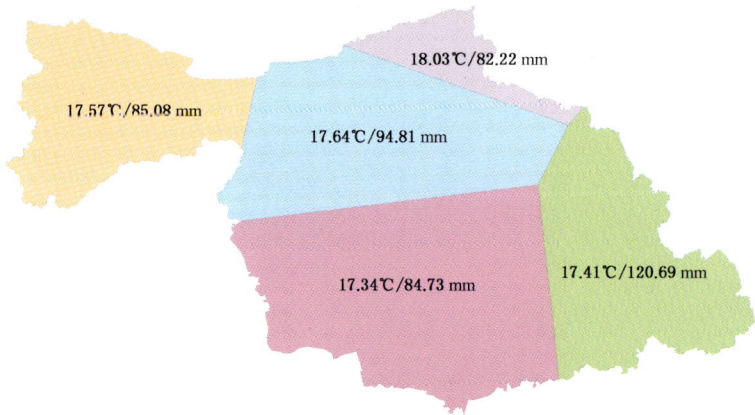

图 2-4　江阴年平均气温/年降水分布图[48]

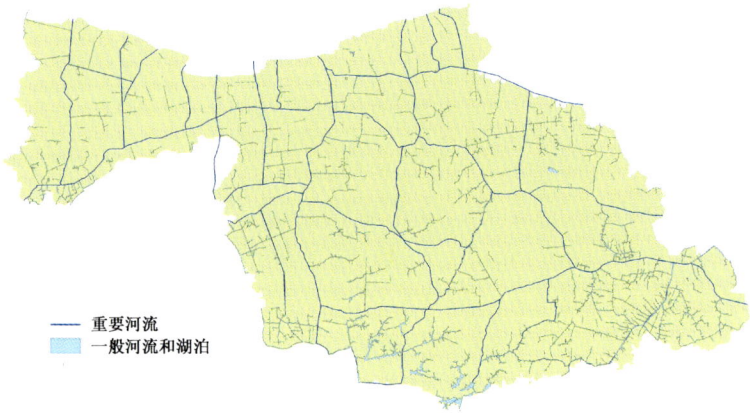

—— 重要河流
▢ 一般河流和湖泊

图 2-5　江阴市水系分布图[48]

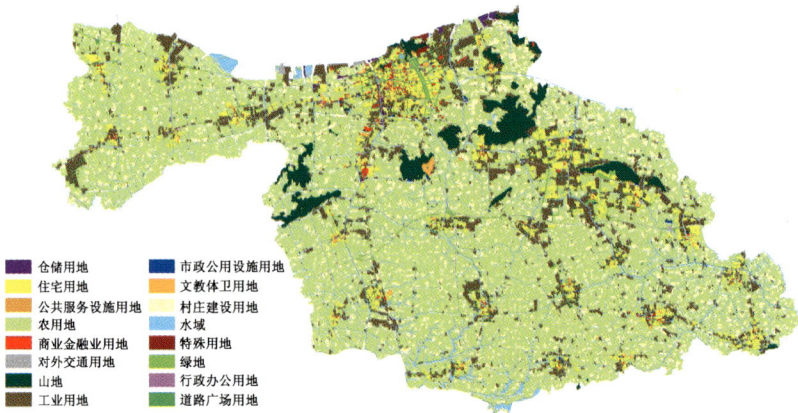

▢ 仓储用地	▢ 市政公用设施用地
▢ 住宅用地	▢ 文教体卫用地
▢ 公共服务设施用地	▢ 村庄建设用地
▢ 农用地	▢ 水域
▢ 商业金融业用地	▢ 特殊用地
▢ 对外交通用地	▢ 绿地
▢ 山地	▢ 行政办公用地
▢ 工业用地	▢ 道路广场用地

图 3-1　江阴土地利用现状图

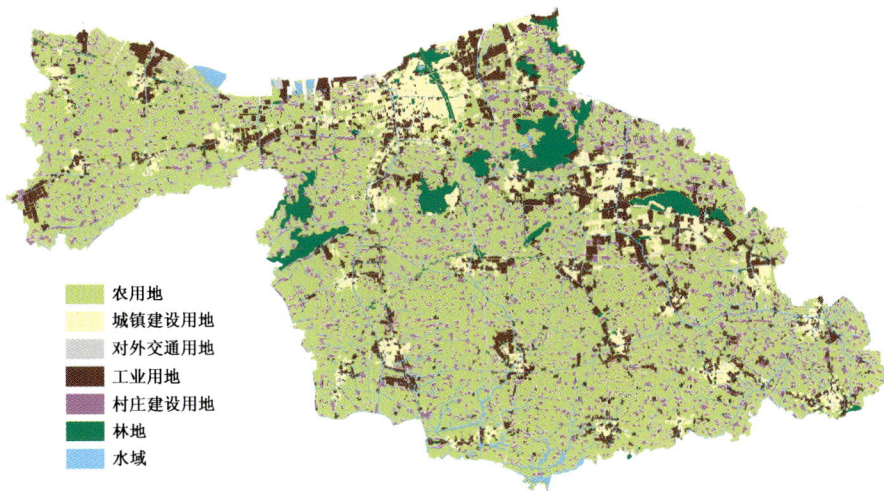

图例：
- 农用地
- 城镇建设用地
- 对外交通用地
- 工业用地
- 村庄建设用地
- 林地
- 水域

图 3-2 江阴景观斑块类型现状图

图例：
- 城市建设用地
- 工业用地
- 对外交通用地
- 林地
- 水域
- 农用地
- 村庄建设用地

图 3-10 景观类型栅格图

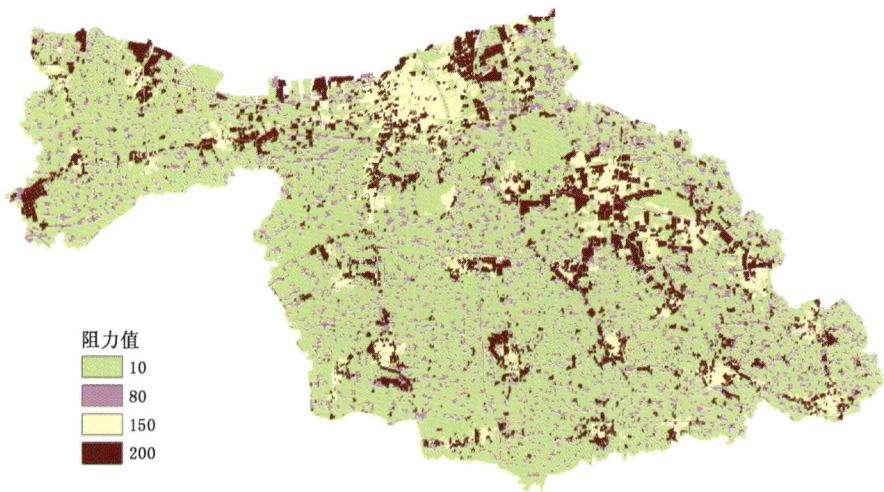

阻力值
- 10
- 80
- 150
- 200

图 3-11　重分类的景观类型栅格图

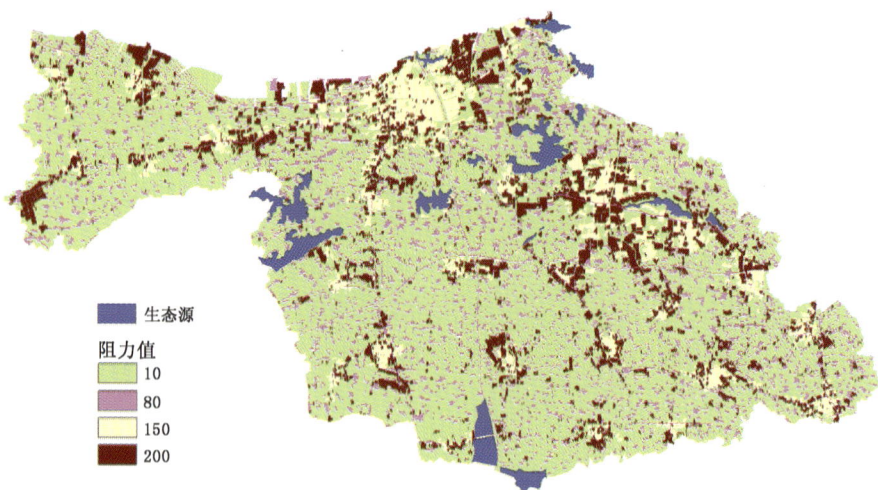

生态源

阻力值
- 10
- 80
- 150
- 200

图 3-12　叠加生态源的栅格图

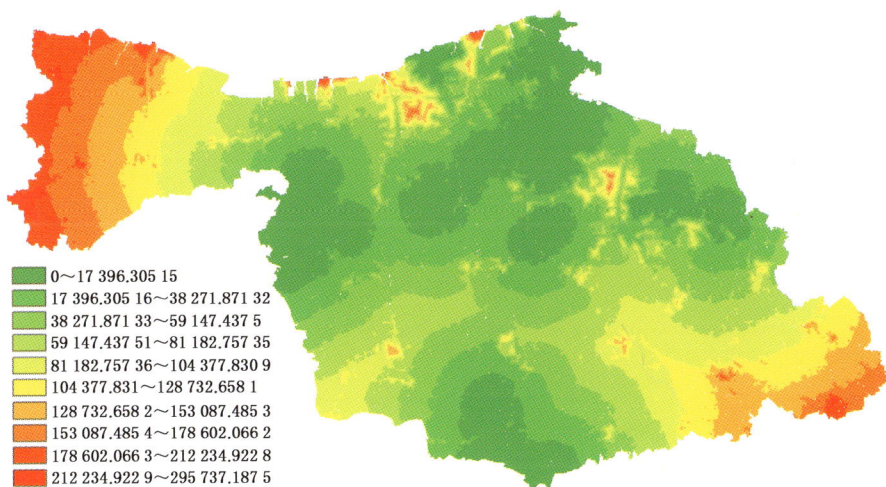

图 3-14 生态阻力面耗费值分析成果图

图例：
- 0～17 396.305 15
- 17 396.305 16～38 271.871 32
- 38 271.871 33～59 147.437 5
- 59 147.437 51～81 182.757 35
- 81 182.757 36～104 377.830 9
- 104 377.831～128 732.658 1
- 128 732.658 2～153 087.485 3
- 153 087.485 4～178 602.066 2
- 178 602.066 3～212 234.922 8
- 212 234.922 9～295 737.187 5

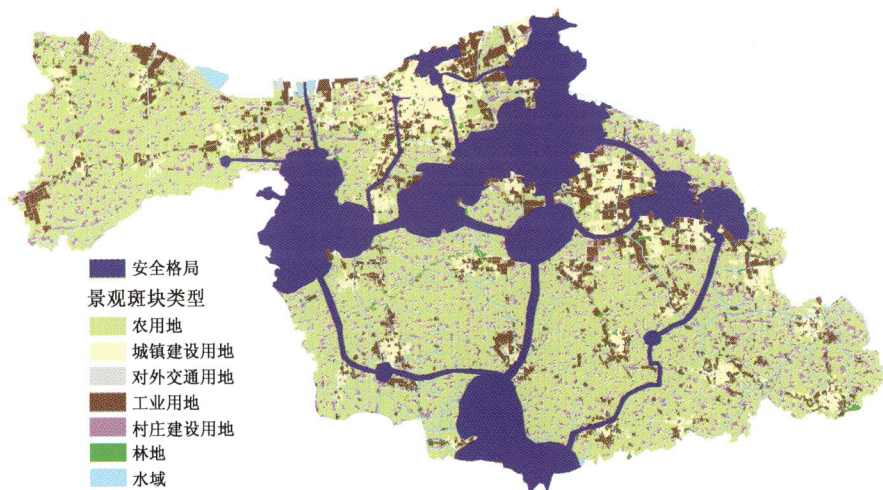

图 3-15 基本安全水平的景观安全格局

图例：
- 安全格局
- 景观斑块类型
  - 农用地
  - 城镇建设用地
  - 对外交通用地
  - 工业用地
  - 村庄建设用地
  - 林地
  - 水域

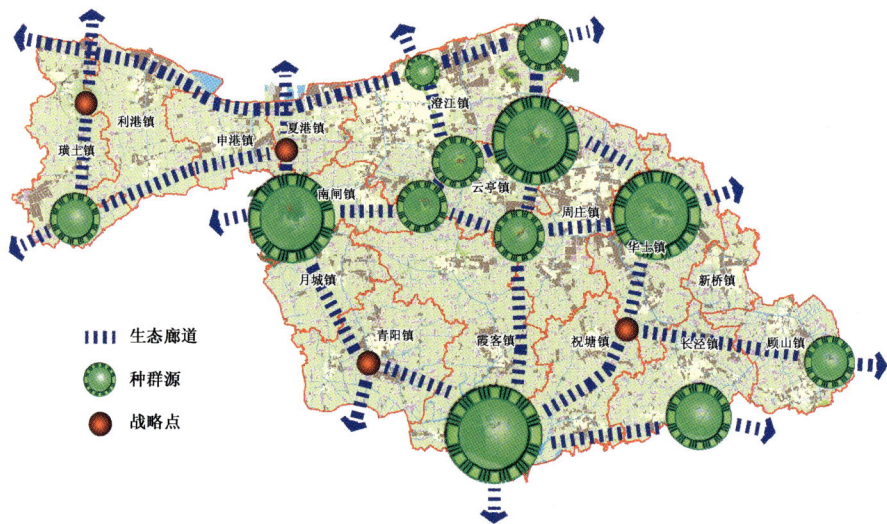

图3-16 生态建设规划示意图

图例（图中标注）:
生态廊道
种群源
战略点

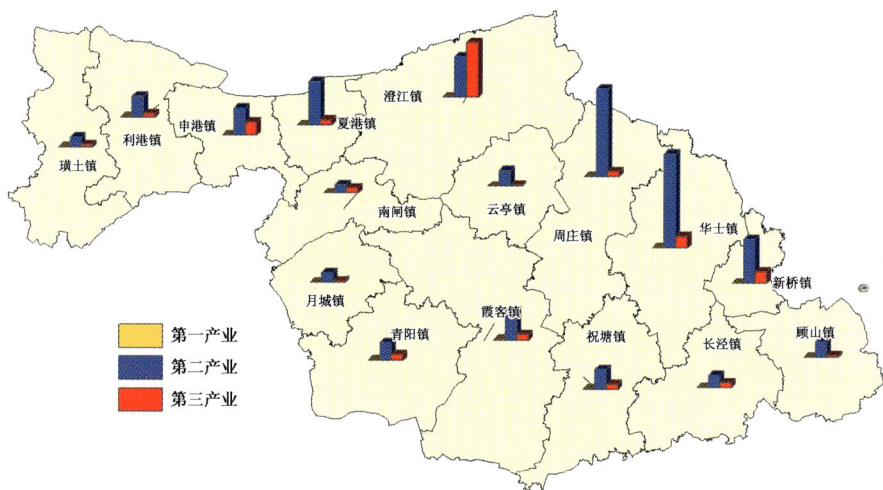

第一产业
第二产业
第三产业

图4-2 江阴各镇三大产业产值柱状图

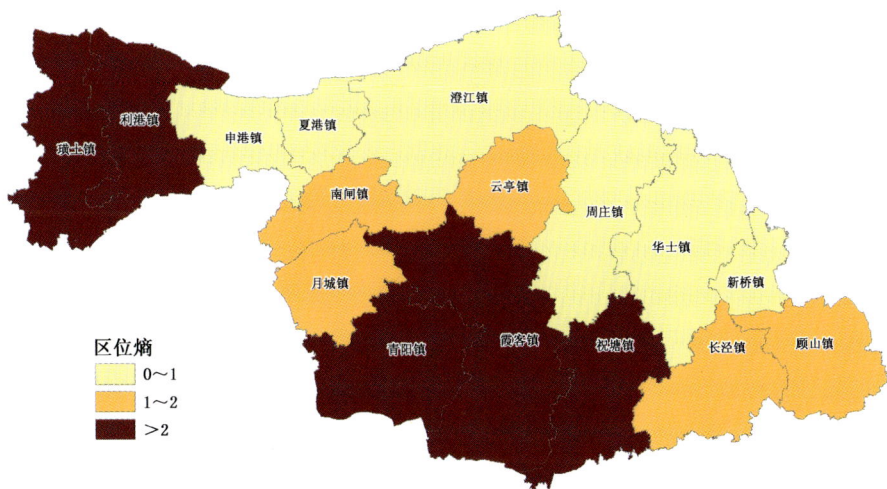

图 4-3　江阴各镇第一产业区位熵分级图

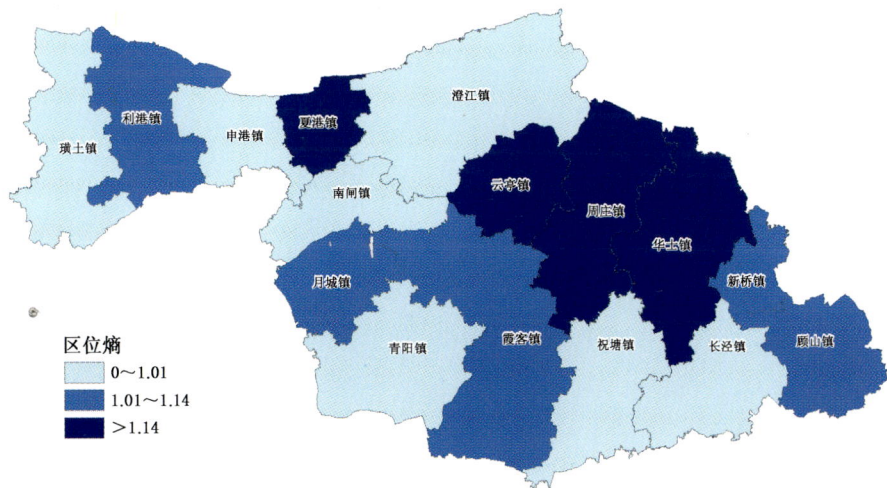

图 4-4　江阴各镇第二产业区位熵分级图

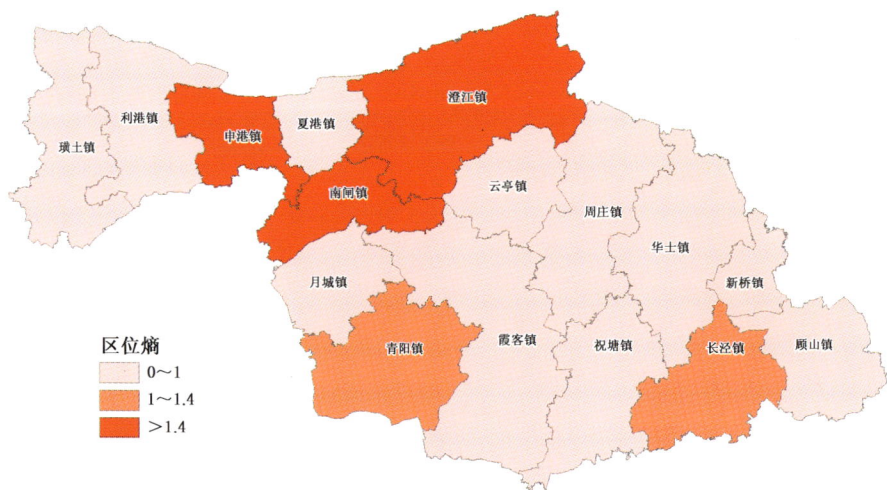

区位熵
0~1
1~1.4
>1.4

图 4-5　江阴各镇第三产业区位熵分级图

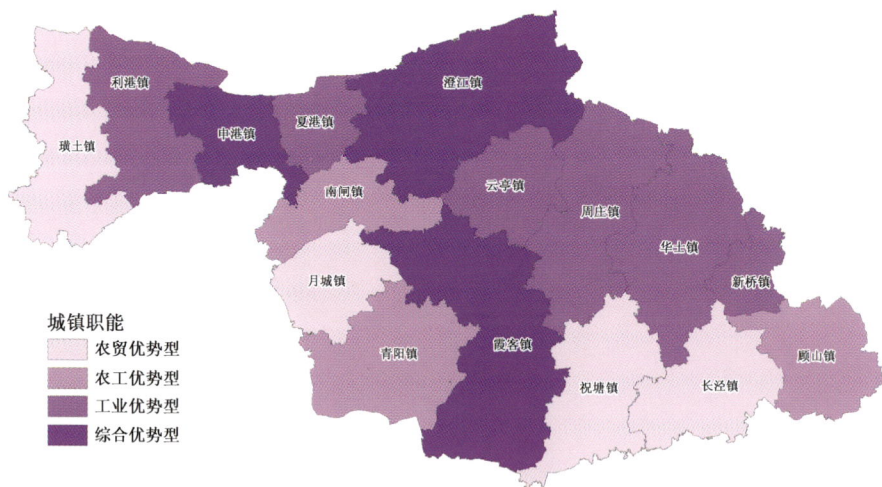

城镇职能
农贸优势型
农工优势型
工业优势型
综合优势型

图 4-6　江阴市域城镇体系现状职能类型划分图

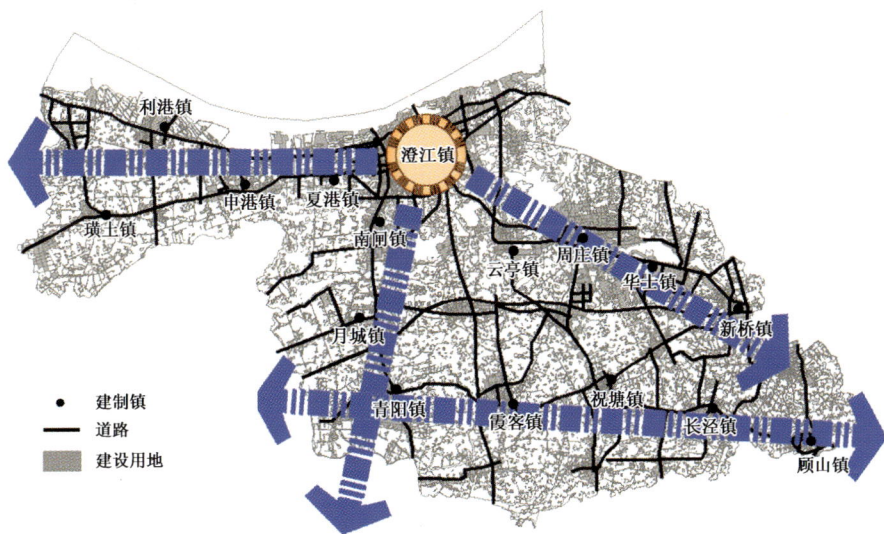

图4-7 江阴城镇空间分布类型图底关系

图例:
- 建制镇
- 道路
- 建设用地

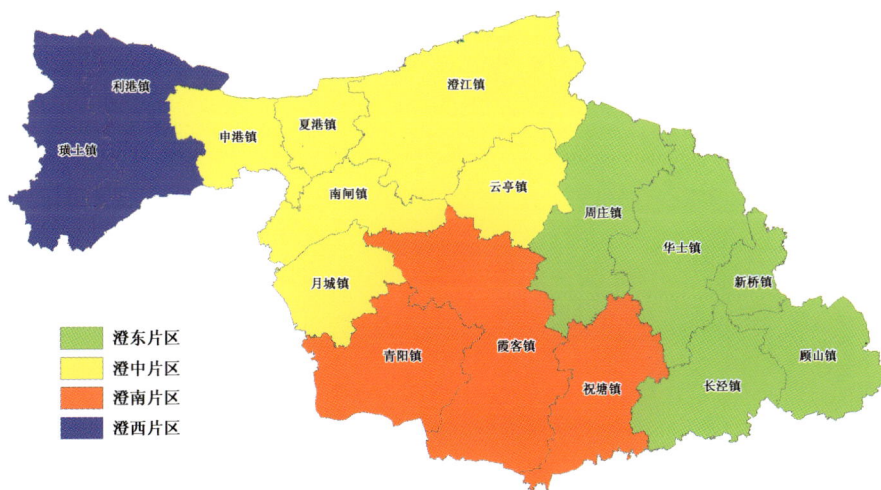

图例:
- 澄东片区
- 澄中片区
- 澄南片区
- 澄西片区

图4-8 江阴城镇体系空间组合区划图

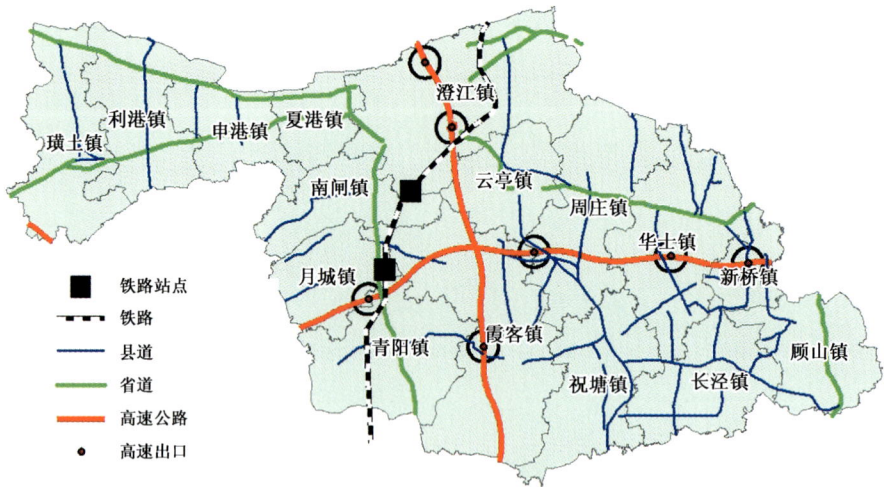

图 4-10　江阴陆运交通体系图

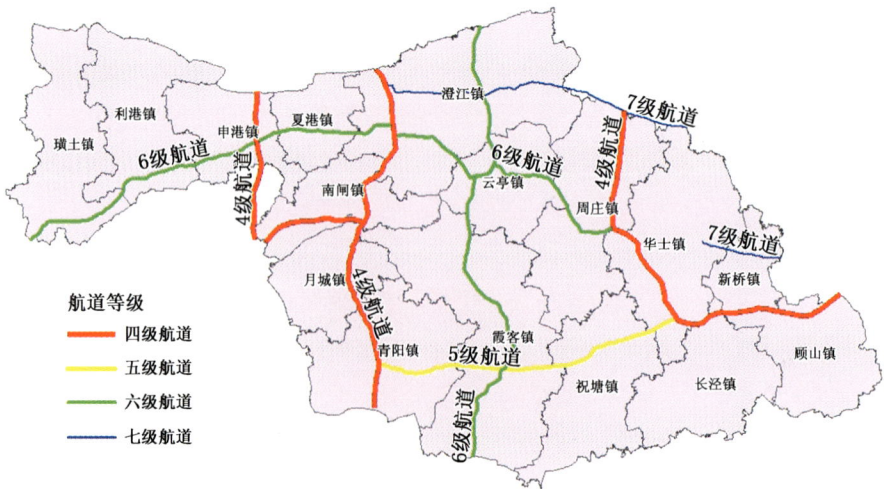

图 4-12　江阴水系航道等级分布图

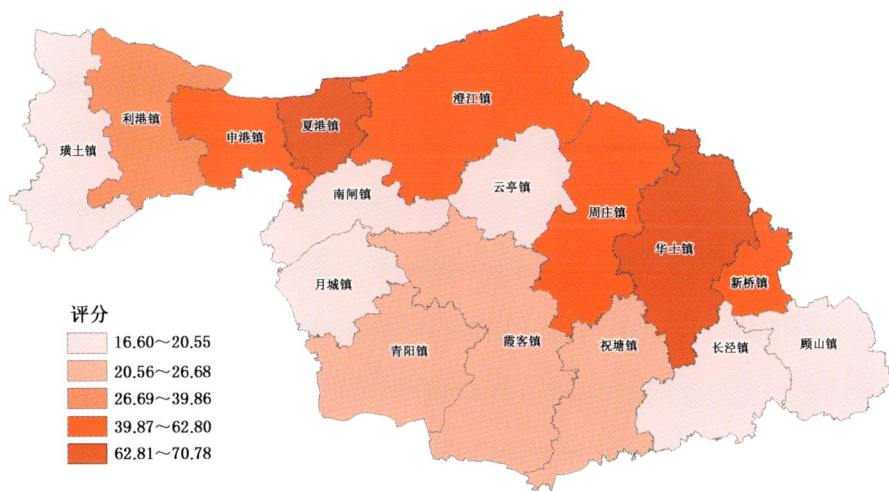

图 4-16　江阴各镇经济基础条件评价图

评分
16.60～20.55
20.56～26.68
26.69～39.86
39.87～62.80
62.81～70.78

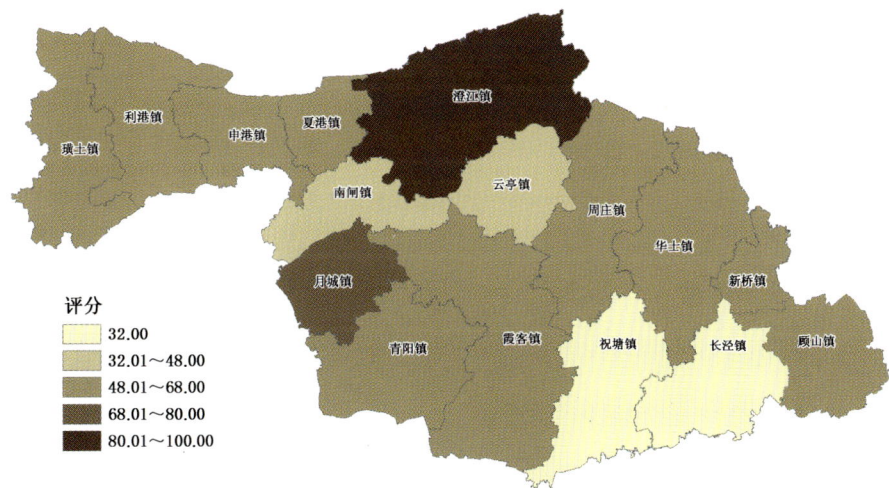

图 4-17　江阴各镇交通条件评价图

评分
32.00
32.01～48.00
48.01～68.00
68.01～80.00
80.01～100.00

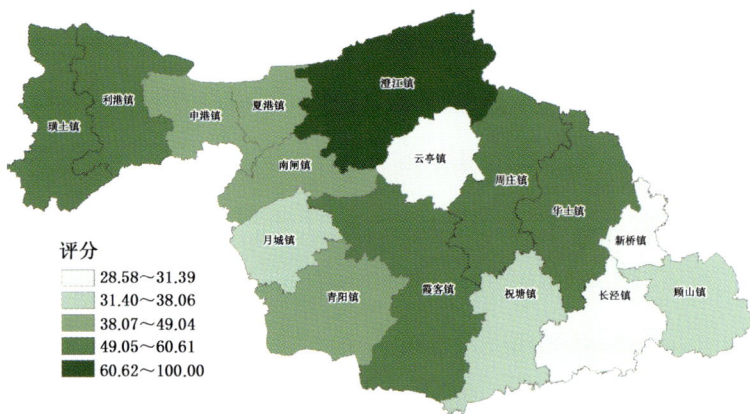

图 4-18 江阴各镇自然资源条件评价图

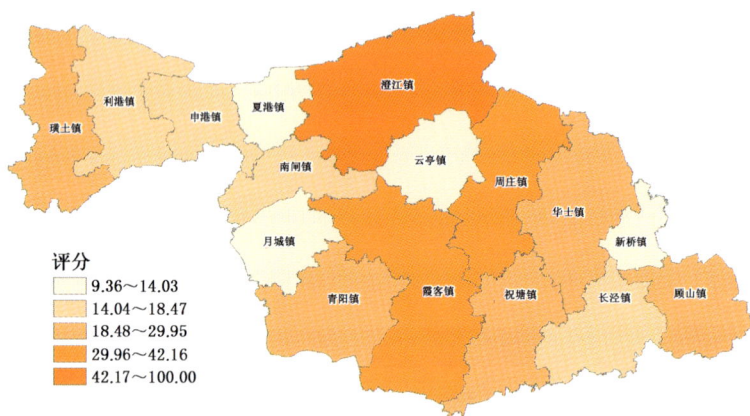

图 4-19 江阴各镇人口规模条件评价图

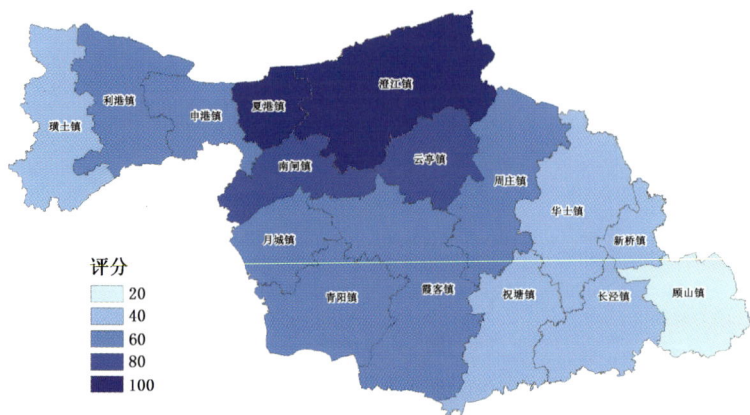

图 4-20 江阴各镇区位条件评价图

图 4-21　江阴各镇行政效应条件评价表

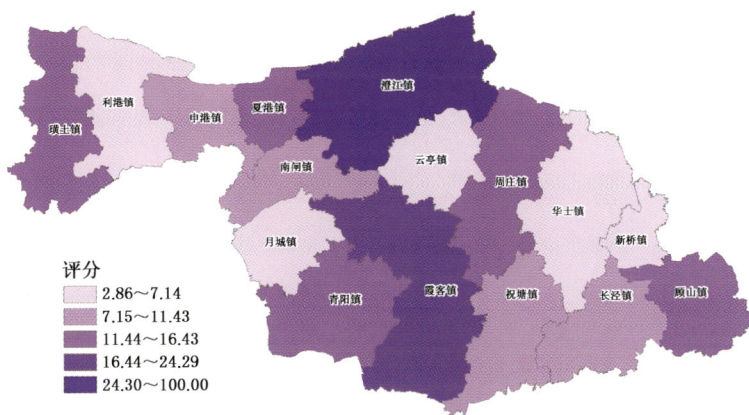

图 4-22　江阴各镇历史文化资源条件评价图

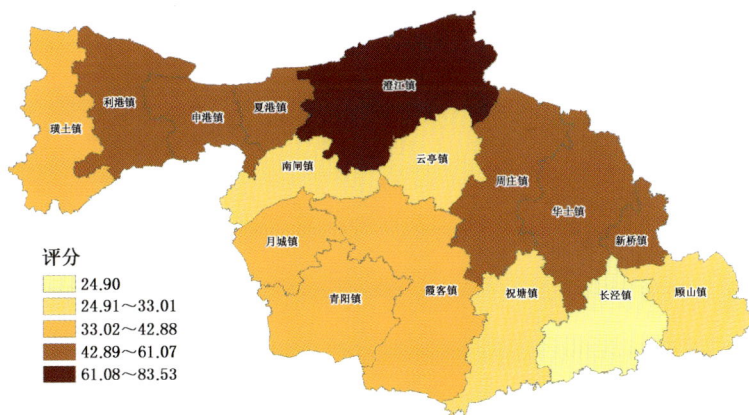

图 4-23　江阴各镇城镇发展条件综合评价图

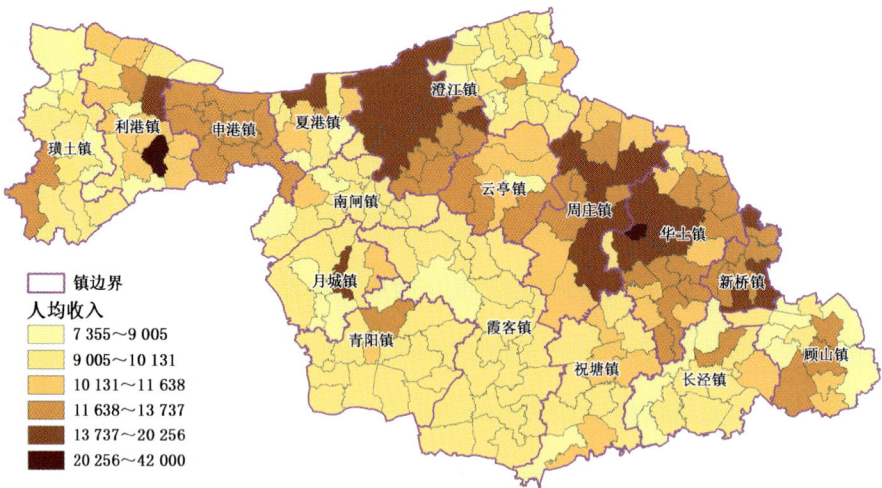

图 5-3 江阴人均收入现状空间分布图

图中图例：

镇边界

人均收入

- 7 355～9 005
- 9 005～10 131
- 10 131～11 638
- 11 638～13 737
- 13 737～20 256
- 20 256～42 000

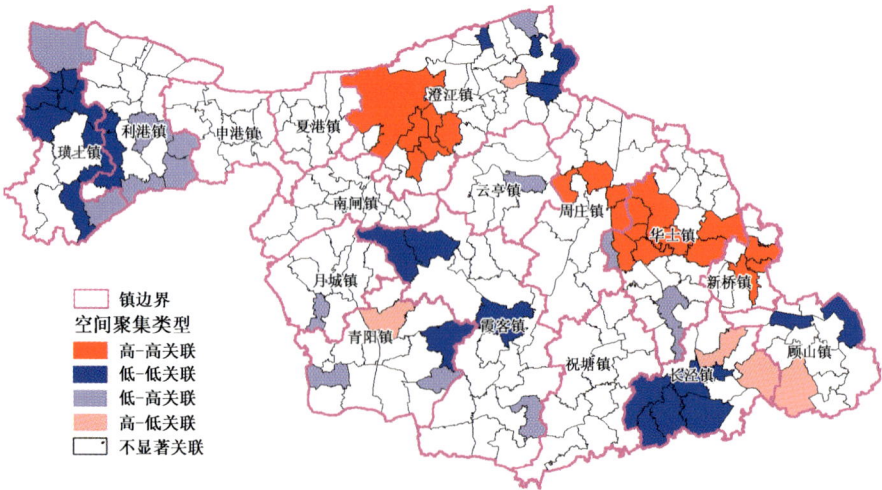

图 5-6 江阴人均收入 I_i 空间聚集图

图中图例：

镇边界

空间聚集类型

- 高-高关联
- 低-低关联
- 低-高关联
- 高-低关联
- 不显著关联

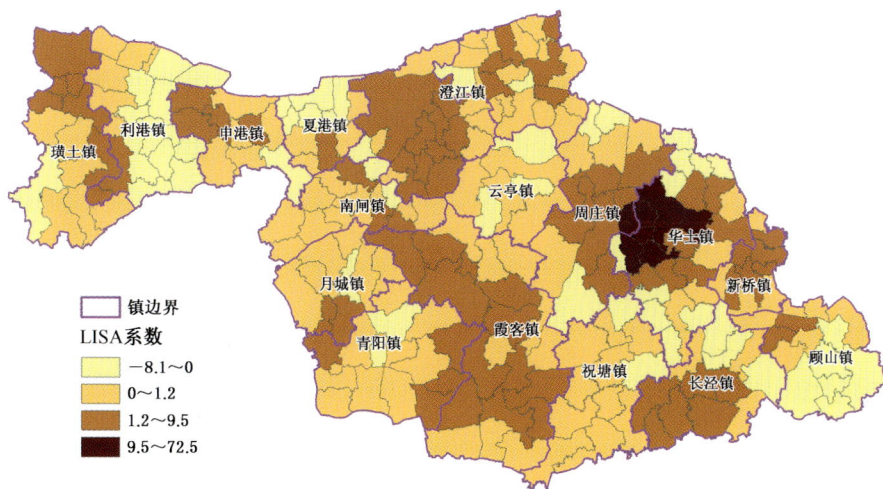

图 5-7　江阴人均收入 I_i 空间分级图

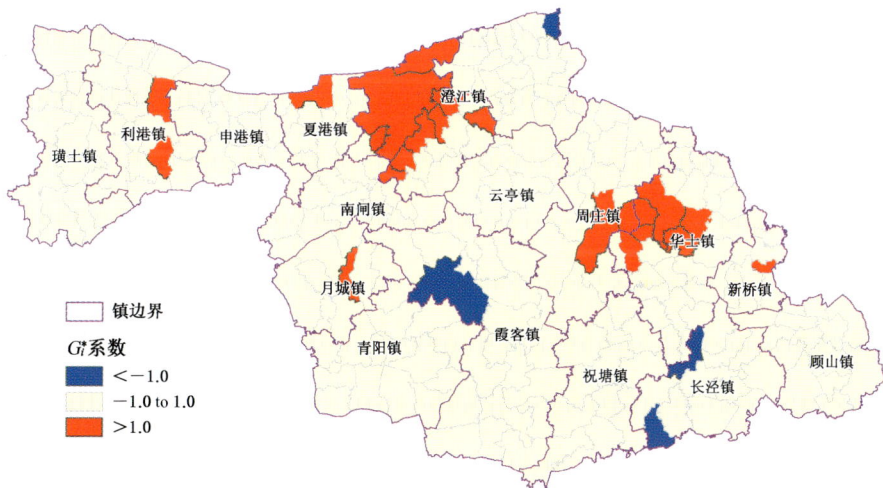

图 5-8　江阴人均收入 G_i^* 统计冷热点分布图

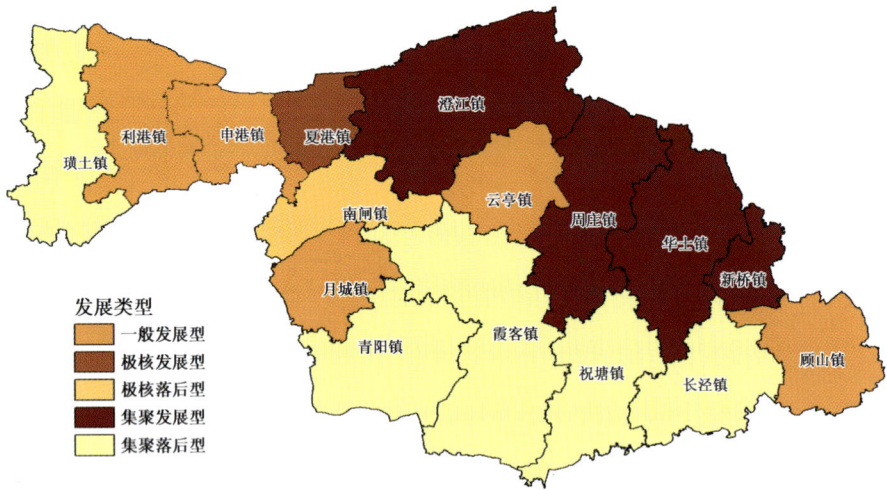

发展类型

- 一般发展型
- 极核发展型
- 极核落后型
- 集聚发展型
- 集聚落后型

图 5-9　江阴城镇发展类型分类图

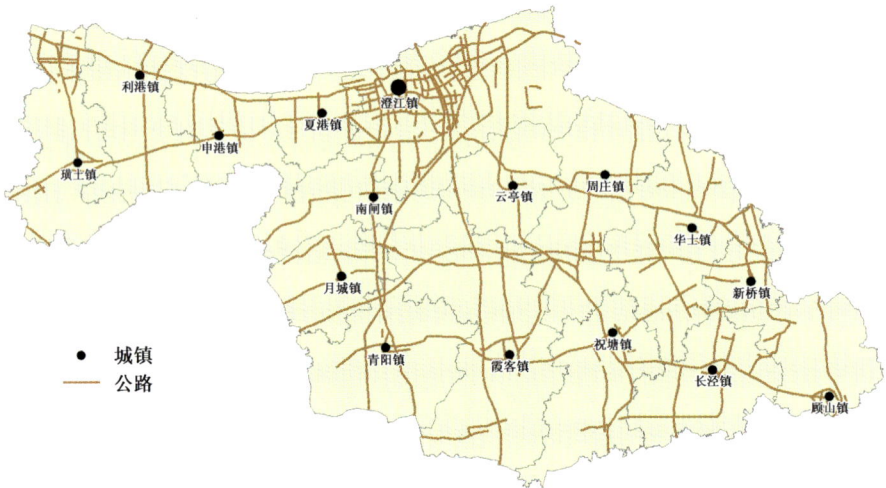

- **●　城镇**
- **——　公路**

图 6-9　江阴市城镇空间分布图

参 考 文 献

[1] 顾朝林.城镇体系规划——理论·方法·实例[M].北京:中国建筑工业出版社,2005.

[2] 崔功豪,魏清泉,陈宗兴.区域分析与规划[M].北京:高等教育出版社,1999.

[3] 李秉毅.构建和谐城市——现代城镇体系规划理论[M].北京:中国建筑工业出版社,2006.

[4] 《中华人民共和国城乡规划法》(2008)

[5] 《城镇体系规划编制审批办法》(1994)

[6] 顾朝林.地域城镇体系组织结构模式研究[J].城市规划汇刊,1987(2):38-41.

[7] 许学强,陈烈,袁华奇.县域城镇体系规划的内容和方法[J].城市规划汇刊,1987(2):47-52.

[8] 宋家泰,顾朝林.城镇体系规划的理论与方法初探[J].地理学报,1988,43(2):97-107.

[9] 杨吾扬.论城市体系[J].地理研究,1987,6(3):1-8.

[10] 虞蔚.省域城镇体系中的中心城市及其影响范围的统计模拟.城市规划汇刊,1989(1):43-49.

[11] 陈涛,李后强.城镇空间体系的科赫模式——对中心地学说一种可能的修正[J].经济地理,1994,14(3):58-64.

[12] 陈易.基于GIS技术的城镇体系规划初探[J].规划师,2002,10(8):69-71.

[13] 符小洪.区域城镇体系规划地理信息系统设计及其在闽侯县的应用研究[D].福州:福建师范大学,2003.

[14] 刘桂禄,冉友华.基于GIS的兰州生态城市评价和城镇体系建设构想[J].遥感技术与应用,2003,18(5):301-305.

[15] 马卫东,刘士忠.地理信息系统的应用及其发展趋势[J].西部探矿工程,2005(12):119-120.

[16] 胡鹏,黄杏元,华一新.地理信息系统教程[M].武汉:武汉大学出版

社,2002.

[17] 宋小冬.地理信息系统与城市规划[J].规划师,1999,4(15):117-120.

[18] 王广震.基于 GIS 的城市设计方法及应用研究[D].西安:西安建筑科技大学,2005.

[19] 宋振宇,刘永清.基于 GIS 的城镇可持续发展决策支持系统[J].系统工程理论与实践,1997(11):36-40.

[20] 常勇,李望,徐莉.GIS 技术在济南市可持续发展空间分析中的应用研究[J].经济地理,2000,20(2):40-45.

[21] 廖志杰,刘岳.中国区域可持续发展水平及其空间分布特征[J].地理学报,2000,55(2):139-150.

[22] 邱云峰,秦其明,曹宝,等.基于 GIS 的中国沿海省份可持续发展评价研究[J].中国人口·资源与环境,2007,17(2):69-72.

[23] 肖笃宁,赵羿,孙中伟,等.沈阳西郊景观格局变化的研究[J].应用生态学报,1990,1(1):75-84.

[24] 曹宇,肖笃宁,赵羿,等.近十年来中国景观生态学文献分析[J].应用生态学报,2001,12(3):474-477.

[25] 俞孔坚,李迪华.城乡与区域规划的景观生态模式[J].国外城市规划,1997(3):27-31.

[26] 俞孔坚.生物保护的景观生态安全格局[J].生态学报,1999,19(1):8-15.

[27] 肖笃宁,高峻,石铁矛.景观生态学在城市规划和管理中的应用[J].地球科学进展,2001,16(6):813-819.

[28] 苏伟忠,杨宝英.基于景观生态学的城市空间结构研究[M].北京:科学出版社,2007.

[29] 曾辉,夏洁,张磊.城市景观生态研究的现状及发展趋势[J].地理科学,2003,23(4):484-492.

[30] Emily Talen. The social equity of Urban Service Distribution:an exploration of park Access in Pueblo, CO and Macon, GA[J]. Urban Geography, 1997,18 (6):521-541.

[31] Itzhak Omer. Evaluating accessibility using house-level data:a spatial equity perspective [J]. Computers Environment and Urban systems, 2006(30):254-274.

[32] Karen E Smoyer-Tomic, Jared N Hewko, M John Hodgson. Spatial accessibility and equity of playgrounds in Edmonton, Canada[J]. The

Canadian Geographer/Le Géographe Canadian，2004，48（3）：287 -
302.

[33] 朱传耿,顾朝林,马荣华,等.中国流动人口的影响要素与空间分布[J].
地理学报,2001,56(5):549-560.

[34] 陈斐,杜道生.空间统计分析与 GIS 在区域经济分析中的应用[J].武汉
大学学报·信息科学版,2002,27(4):391-395.

[35] 刘峰,马金辉,宋艳华,等.基于空间统计分析与 GIS 的人口空间分布模
式研究——以甘肃省天水市为例[J].地理与地理信息科学,2004,
20(6):18-21.

[36] 宋洁华.空间自相关在区域经济统计分析中的应用[J].测绘信息与工
程,2006,31(6):11-12.

[37] 葛莹,姚士谋,等.运用空间自相关分析集聚经济类型的地理格局[J].
人文地理,2005,20(3):21-25.

[38] 肖根如,程朋根.基于空间统计分析与 GIS 研究江西省县域经济[J].东
华理工学院学报,2006,29(4):348-352.

[39] 梁艳平,钟耳顺,朱建军.城市人口分布的空间相关性分析[J].工程勘
察,2003(4):48-50.

[40] Arlinghaus S. Fractals take central place[J]. Geografiska Annaler,
1985(67):83-88.

[41] M. Batty. Urban growth and from：scaling, fractal geometry, and
Diffusion Limited-Aggregation[J]. Environment and Planting,1989
(21):1447-1472.

[42] 李后强,艾南山.具有黄金分割特征和分形性质的市场网络[J].经济地
理,1992,12(4):1-5.

[43] 陈勇,陈嵘.城市规模分布的分形研究[J].经济地理,1993,13(3):
48-53.

[44] 王益谦,王放.城市人口的多重分形特征刻划[J].大自然探索,1997,62
(4):72-76.

[45] http://city. cctv. com/html/chengshiyaowen/6f324e1fd69297d5c3588
a23ee2ab67d. html.

[46] 胡明星.GIS 和神经网络在城市发展规划中的应用[J].四川测绘,
2001,24(2):70-71.

[47] http://www. jiangyin. gov. cn 江阴市人民政府网.

[48] 东南大学江阴市主体功能区规划项目组.江阴市主体功能区规划

(2008—2020).

[49] 邹建国.景观生态学——格局、过程、尺度与等级[M].北京:高等教育出版社,2000.

[50] 肖笃宁,刘秀珍,高峻,等.景观生态学[M].北京:科学出版社,2003.

[51] 高增祥,陈尚,李典谟,等.岛屿生物地理学与集合种群理论的本质和渊源[J].生态学报,2007,27(1):307-311.

[52] 侯伟.烟台市城市景观空间格局分析[D].济南:山东师范大学,2002.

[53] 曾辉,孔宁宁,高凌云.基于组分边界特征的景观动态研究——以珠江三角洲常平地区为例[J].应用基础与工程科学学报,2000,8(2):126-132.

[54] Li X-Z. Prospect of the development of landscape ecology's focus and frontline from U. S. A.'s fifteen landscape ecology annual conference [J]. Acta Ecol sin. 2000,20(6):1113-1115.

[55] 陈文波,肖笃宁,李秀珍.景观指数分类、应用及构建研究[J].应用生态学报,2002,13(1):121-125.

[56] Huslshoff R M. Landscape indices describing a Dutch landscape[J]. Landscape Ecol,1995,10(2):101-111.

[57] 欧立业,马海州,沙占江,等.柴达木盆地荒漠绿洲景观格局定量分析[J].盐湖研究,2003,11(4),28-32.

[58] 卢玲.黑河流域景观结构与景观变化研究[D].北京:中国科学院,2000.

[59] O'neillR V, Krummel JR, Gardner R H, etal, Indices of landscape pattern[J]. Landscape Ecology, 1998(1):153-162.

[60] 耿直. 简述城市景观格局评价体系的建立[J].黑龙江科技信息,2008,30(30):58.

[61] Kevin McGarigal, Barbara J. Marks. Spatial pattern analysis program for quantifying landscape structure, Fragstats reference manual[M]. Corvallis Oregon: Forest Science Department, Oregon State University,1994.

[62] 角媛梅,马明国,肖笃宁.黑河流域中游张掖绿洲景观格局研究[J].冰川冻土,2003,25(1),94-99.

[63] 仇恒佳,卞新民,朱利群.太湖水陆生态交错带景观空间格局研究——以苏州市吴中区为例[J].南京农业大学学报,2005,28(4),21-25.

[64] 杨纯顺,沈洁.城市生态地区规划的 GIS 分析应用[J].地球信息科学,

2008,10(2):237-240.

[65] Knaapen J P, Scheffer M, Harms B. Estimating habitat isolation in landscape planning[J]. Landscape and Urban Plan 1992(23):1-16.

[66] 沈学明.议城市绿化植物多样性的保护与发展[J].江苏绿化,2003(2):26-27.

[67] 俞孔坚.景观生态战略点的识别方法与理论地理学的表面模型[J].地理学报,1998,53(B12):11-20.

[68] 郑新奇,阎弘文,徐宗波.基于 GIS 的无棣县耕地优化配置[J].国土资源遥感,2001,2(2):53-56.

[69] 宁锐.基于 RS 和 GIS 的铁路选线设计及综合评价模型初探[J].铁道勘察,2006,32(6):28-30.

[70] 符小洪,黄民生.福建经济中心吸引区域的空间格局及变化趋势研究[J].经济地理,2002,22(5):565-568.

[71] 江阴年鉴 2007.北京:方志出版社,2007.

[72] 张罗漫,黄丽娟,贺佳.综合评价中指标值标准化方法的探讨[J].中国卫生统计,1995,12(1):1-4.

[73] Carter H. The study of geography. London:Edward Arnold, 1972:45-67.

[74] 孙畅,吴立力."区位商"分析法在地方优势产业选择中的运用[J].经济论坛,2006(21):12-13.

[75] http://www.stats.gov.cn 中华人民共和国国家统计局官方网.

[76] http://www.china-county.org 中国县域经济网.

[77] 王发曾.河南城市的整体发展与布局[M].郑州:河南教育出版社,1994.

[78] 邓文胜,关泽群,王昌佐.武汉市域城镇体系空间结构分析[J].城市发展研究,2003,10(6):46-52.

[79] Ullman, E. L. American commodity flow[M]. Seattle:University of Washington Preaa,1957.

[80] 许学强,周一星,宁越敏.城市地理学[M].北京:高等教育出版社,1997.

[81] 吴茵,李满春,毛亮.GIS 支持的县域城镇体系空间结构定量分析——以浙江省临安市为例[J],地理与地理信息科学,2006,22(2):73-77.

[82] 王发曾.城镇体系分析实用方法与模型[J].城市问题,1990(5):11-15.

[83] 王莲芬.层次分析法中排序权数的计算方法[J].系统工程理论与实践,

1987(2):31-37.

[84] 吴祈宗,李有文.层次分析法中矩阵的判断一致性研究[J].北京理工大学学报,1999,19(4):502-505.

[85] 冯益明,唐守正,李增元.空间统计分析在林业中的应用[J].林业科学,2004,40(3):149-155.

[86] 王政权.地统计学及在生态学中的应用[M].北京:科学出版社,1998.

[87] 周国法,徐汝梅.生物地理统计学——生物种群时空分析的方法及其应用[M].北京:科学出版社,1998.

[88] 马骊.空间统计和空间经济计量方法在经济研究中的应用[J].统计与决策,2007(19):29-31.

[89] 夏帆.对空间计量学的思考[J].统计与决策,2005(9):27-28.

[90] 侯景儒,伊镇南,李维明,等.实用地质统计学[M].北京:地质出版社,1998.

[91] 周慧珍,龚子同.土壤空间变异性研究[J].土壤学报,1996,33(3):232-241.

[92] Robertson G P. Geostatistics in ecology: Interpolating with known variance[J]. Ecology, 1987,68(3):744-748.

[93] 张尧庭.空间统计学简介[J].统计教育,1996(1):36-40.

[94] Cliff A. D. and Ord J. K. Spitial Autocorrelation[M]. Pion, London:1973.

[95] Griffith D. A. Spatial Autocorrelation: A primer association of American Geographers[M]. Resource Publications in Geography,1987.

[96] 李小文,曹春香,常超一.地理学第一定律与时空邻近度的提出[J].自然杂志,2007,29(2):69-71.

[97] 张松林,张昆.空间自相关局部指标 Moran 指数和 G 指数研究[J].大地测量与地球动力学,2007,27(3):31-34.

[98] 吴玉鸣,徐建华.中国区域经济增长聚集的空间统计分析[J].地理科学,2004,24(6):654-659.

[99] 艾彬,徐建华,岳文泽,等.湖南省城市空间关联研究[J].地域研究与开发,2004,23(6):48-52.

[100] 沈绿珠.空间关联分析及其应用[J].统计与决策,2006,8:28-30.

[101] 武继磊,王劲峰,孟斌,等.2003 年北京市 SARS 疫情空间相关性分析[J].浙江大学学报,2005,31(1):97-101.

[102] 陈炳为,李德云,倪宗瓒.四川碘缺乏病的空间自相关性[J].现代预防

医学,2003,30(2):158-159.

[103] Getis A, Ord J K. The analysis of spatial association by use of distance statistics [J]. Geographical Analysis, 1992,24(3):189-206.

[104] Getis A. Spatial interaction and spatial autocorrelation: a cross product approach [J]. Environ Plan A, 1991,23 (9):1269-1277.

[105] Anselin L. Local Indicators of Spatial Association-LISA [J]. Geographical Analysis, 1995,27(2):93-115.

[106] Ord J. K, Getis A. Local Autocorrelation Statistics: Distributional issues and an Application [J]. Geographical Analysis, 1995,27(4): 286-306.

[107] 林文苑.游憩活动参与者之居住地空间聚集显著性分析——以台南市为例[J].旅游管理研究,2004,4(2):139-158.

[108] 曾庆泳,陈忠暖.基于 GIS 空间分析法的广东省经济发展区域差异[J].经济地理,2007,27(4):559-561.

[109] 胡青峰,张子平,何荣,等.基于 Geoda 095i 区域经济增长率的空间统计分析研究[J].测绘与空间地理信息,2007,30(2):53-55.

[110]《中华人民共和国 2006 年国民经济和社会发展统计公报》.http://www.stats.gov.cn 国家统计局官方网.

[111] Jilei Wu, Jinfeng Wang et. Exploratory spatial data analysis for the identification of risk factors to birth defects, http://www.biomed-central.com/1471-2458/4/23.

[112] 徐建刚,尹海伟,钟桂芬,等.基于空间自相关的非洲经济格局[J].经济地理,2006,26(5):771-775.

[113] 陈广洲,解华明.基于空间自相关的安徽省市域发展空间格局研究[J].资源开发与市场,2008,24(2):112-114.

[114] B. B. Mandelbrot. Fractal Geometry of Nature[M]. W. H. Freeman: 1982.

[115] 谢和平.分形——岩石力学导论[M].北京:科学出版社,1996.

[116] 刘继生,陈彦光.城镇体系等级结构的分形维数及其测算方法[J].地理研究,1998,17(1):82-89.

[117] 仪垂祥.非线性科学及其在地学中的应用[M].北京:气象出版社,1995.

[118] 陈涛,刘继生.城市体系分形特征的初步研究[J].人文地理,1994,9(1):25-30.

[119] 陈彦光.中心地体系的分形与分维[J].人文地理,1998,13(3):19-24.

[120] 陈彦光.城市体系中 OH 雪花模型实证研究——中心地 K3 体系的分形与分维[J].经济地理,1998,8(4):33-37.

[121] 陈涛.城镇体系随机聚集的分形研究[J].科技通报,1995,11(2):98-101.

[122] 许学强,朱剑如.现代城市地理学[M].北京:中国建设工业出版社,1988.

[123] 刘继生,陈彦光.城镇体系等级结构的分形维数及其测算方法[J].地理研究,1998,17(1):82-89.

[124] 李志刚,唐相龙,李斌.陇东地区城镇等级规模结构的分形研究[J].人文地理,2004,19(2):22-24.

[125] 凌怡莹,徐建华,岳文泽,等.长江三角洲地区城镇体系的分形研究[J].华东师范大学学报,2004,3:87-92.

[126] 李建,胡明星.江西省新余市城镇体系分形特征的研究[J].地球信息科学,2008,10(2):165-170.

[127] 樊新刚,文琦,米文宝.宁夏城镇体系分形结构的初步研究[J].宁夏大学学报,2007,28(2):184-188.

[128] 李亦秋,杨广斌.典型喀斯特城镇体系的分形研究——基于贵州省城镇体系的实际分析[J].山地农业生物学报,2007,26(1):52-57.

[129] 刘继生,陈彦光.城镇体系空间结构的分形维数及其测算方法[J].地理研究,1999,18(2):171-172.

[130] 刘继生,陈彦光.交通网络空间结构的分形维数及其测算方法[J].地理学报,1999,54(5):471-478.

[131] 尚正永,白勇平.丘陵山区城镇体系的分性特征——以江西省赣州为例[J].山地学报,2007,25(2):142-147.

[132] 史娟,王哲,陈宝燕.新疆城镇体系分形研究[J].水土保持研究,2007,14(2):315-317.

附　录

局部空间自相关统计结果

城　镇	I_i	$E(I_i)$	$VAR(I_i)$	$Z(I_i)$	G_i^*	$E(G_i^*)$	$VAR(G_i^*)$	$Z(G_i^*)$
小湖村	−0.593	−0.020	4.065	−0.284	0.982	0.980	0.000 01	0.848
高栗村	0.966	−0.016	3.252	0.545	0.986	0.984	0.000 01	0.786
小牧村	1.592	−0.012	2.439	1.027	0.990	0.988	0.000 00	1.058
东白土村	1.930	−0.016	3.252	1.079	0.987	0.984	0.000 01	1.066
堂村村	0.009	−0.008	1.626	0.013	0.992	0.992	0.000 00	0.018
石庄村	2.444	−0.016	3.252	1.364	0.987	0.984	0.000 01	1.381
黄土村	0.462	−0.016	3.252	0.265	0.985	0.984	0.000 01	0.611
利城村	2.498	−0.028	5.691	1.059	0.976	0.972	0.000 01	1.105
红　豆	−0.325	−0.020	4.065	−0.151	0.980	0.980	0.000 01	−0.133
芦墩村	3.087	−0.036	7.316	1.155	0.970	0.964	0.000 02	1.406
常泽桥村	0.733	−0.024	4.878	0.343	0.979	0.976	0.000 01	0.868
前巷村	2.165	−0.016	3.252	1.209	0.987	0.984	0.000 01	1.240

城　镇	I_i	$E(I_i)$	$VAR(I_i)$	$Z(I_i)$	G_i^*	$E(G_i^*)$	$VAR(G_i^*)$	$Z(G_i^*)$
北湖西村	1.163	-0.020	4.065	0.587	0.982	0.980	0.000 01	0.779
巨轮村	1.220	-0.028	5.691	0.523	0.975	0.972	0.000 01	0.804
前周村	1.763	-0.016	3.252	0.987	0.986	0.984	0.000 01	0.892
西奚墅村	0.345	-0.020	4.065	0.181	0.982	0.980	0.000 01	0.692
汇南村	0.938	-0.016	3.252	0.529	0.987	0.984	0.000 01	1.089
黄丹村	0.366	-0.012	2.439	0.242	0.990	0.988	0.000 00	0.782
球庄村	0.449	-0.024	4.878	0.214	0.979	0.976	0.000 01	1.106
刘墅村	-0.916	-0.024	4.878	-0.404	0.975	0.976	0.000 01	-0.380
北郭庄村	1.635	-0.024	4.878	0.751	0.979	0.976	0.000 01	1.085
西安村	0.098	-0.016	3.252	0.063	0.985	0.984	0.000 01	0.299
江市村	-0.718	-0.024	4.878	-0.314	0.972	0.976	0.000 01	-1.194
利港村	-0.340	-0.028	5.691	-0.131	0.973	0.972	0.000 01	0.333
刁里沟村	-2.711	-0.020	4.065	-1.335	0.975	0.980	0.000 01	-1.685
陈墅村	-0.593	-0.028	5.691	-0.237	0.972	0.972	0.000 01	0.120
后梅村	-8.041	-0.020	4.065	-3.978	0.981	0.980	0.000 01	0.561
芦埠港村	-0.416	-0.016	3.252	-0.222	0.983	0.984	0.000 01	-0.328
顾　北	-0.059	-0.016	3.252	-0.024	0.983	0.984	0.000 01	-0.265

城　镇	I_i	$E(I_i)$	$VAR(I_i)$	$Z(I_i)$	G_i^*	$E(G_i^*)$	$VAR(G_i^*)$	$Z(G_i^*)$
维常村	-1.399	-0.016	3.252	-0.767	0.978	0.984	0.000 01	-2.384
申西村	2.510	-0.024	4.878	1.147	0.973	0.976	0.000 01	-1.042
东支村	-1.258	-0.020	4.065	-0.614	0.973	0.980	0.000 01	-2.633
仁和村	-1.441	-0.016	3.252	-0.790	0.982	0.984	0.000 01	-0.831
创新村	1.730	-0.020	4.065	0.868	0.977	0.980	0.000 01	-1.006
申兴村	0.524	-0.020	4.065	0.270	0.978	0.980	0.000 01	-0.534
申港村	2.234	-0.024	4.878	1.022	0.972	0.976	0.000 01	-1.100
横塘村	0.975	-0.024	4.878	0.452	0.971	0.976	0.000 01	-1.395
申浦村	1.224	-0.016	3.252	0.688	0.982	0.984	0.000 01	-0.877
东刘村	1.248	-0.016	3.252	0.701	0.982	0.981	0.000 01	-0.842
观西村	0.903	-0.016	3.252	0.510	0.986	0.984	0.000 01	0.890
申南村	-1.301	-0.028	5.691	-0.534	0.974	0.972	0.000 00	0.476
六保	3.292	-0.012	2.439	2.116	0.985	0.988	0.000 01	-1.331
干门村	0.916	-0.028	5.691	0.396	0.970	0.972	0.000 01	-0.437
泗河村	0.067	-0.016	3.252	0.046	0.984	0.984	0.000 01	0.047
景贤村	0.394	-0.020	4.065	0.205	0.981	0.980	0.000 01	0.208
双泾村	0.783	-0.016	3.252	0.443	0.987	0.984	0.000 01	1.116

城 镇	I_i	$E(I_i)$	$VAR(I_i)$	$Z(I_i)$	G_i^*	$E(G_i^*)$	$VAR(G_i^*)$	$Z(G_i^*)$
灯塔村	1.197	−0.024	4.878	0.553	0.979	0.976	0.000 01	0.993
黄桥村	1.424	−0.024	4.878	0.656	0.978	0.976	0.000 01	0.654
三元村	−0.205	−0.020	4.065	−0.092	0.979	0.980	0.000 01	−0.308
三联村	0.013	−0.024	4.878	0.017	0.976	0.976	0.000 01	0.092
沿山村	0.679	−0.024	4.878	0.318	0.977	0.976	0.000 01	0.492
观山村	0.189	−0.028	5.691	0.091	0.975	0.972	0.000 01	0.897
卧龙村	0.890	−0.020	4.065	0.451	0.981	0.980	0.000 01	0.496
长江村	−0.782	−0.020	4.065	−0.378	0.981	0.980	0.000 01	0.274
蔡庄村	1.815	−0.016	3.252	1.015	0.987	0.984	0.000 01	1.049
夏南村	1.320	−0.032	6.504	0.530	0.971	0.968	0.000 01	0.899
赵岱村	0.520	−0.008	1.626	0.414	0.993	0.992	0.000 00	0.719
新安村	1.391	−0.020	4.068	0.700	0.983	0.980	0.000 01	1.136
夏港村	−0.407	−0.020	4.065	−0.192	0.981	0.980	0.000 01	0.309
南闸村	1.104	−0.024	4.878	0.511	0.979	0.976	0.000 01	0.850
龙游村	1.084	−0.024	4.878	0.502	0.977	0.976	0.000 01	0.474
桐岐村	0.994	−0.016	3.252	0.560	0.986	0.984	0.000 01	0.927
秦皇村	0.685	−0.024	4.878	0.321	0.977	0.976	0.000 01	0.413

城　镇	I_i	$E(I_i)$	$VAR(I_i)$	$Z(I_i)$	G_i^*	$E(G_i^*)$	$VAR(G_i^*)$	$Z(G_i^*)$
夏东村	−0.346	−0.024	4.878	−0.146	0.975	0.976	0.000 01	−0.424
新街村	2.258	−0.032	6.504	0.898	0.973	0.968	0.000 01	1.374
葫桥村	0.288	−0.028	5.691	0.132	0.972	0.972	0.000 01	0.110
下塘村	−3.513	−0.020	4.065	−1.732	0.983	0.980	0.000 01	1.212
红光村	−0.214	−0.020	4.065	−0.096	0.980	0.980	0.000 01	−0.140
普惠村	0.015	−0.012	2.439	0.017	0.988	0.988	0.000 00	0.052
泗河口村	1.193	−0.024	4.878	0.551	0.978	0.976	0.000 01	0.728
蔡泾村	1.309	−0.032	6.504	0.526	0.971	0.968	0.000 01	0.843
花　园	−2.412	−0.020	4.065	−1.186	0.984	0.980	0.000 01	1.423
月城村	0.719	−0.032	6.506	0.295	0.970	0.968	0.000 01	0.439
树家村	0.956	−0.028	5.691	0.412	0.974	0.972	0.000 01	0.634
南运村	1.008	−0.020	4.065	0.510	0.982	0.980	0.000 01	0.888
泾西村	−0.947	−0.020	4.065	−0.460	0.977	0.980	0.000 01	−0.887
涤镇村	1.253	−0.024	4.878	0.578	0.979	0.976	0.000 01	1.039
建义村	1.176	−0.020	4.065	0.593	0.982	0.980	0.000 01	0.709
街西村	−0.152	−0.016	3.252	−0.076	0.985	0.984	0.000 01	0.332
南新村	0.442	−0.024	4.878	0.211	0.977	0.976	0.000 01	0.369

城 镇	I_i	$E(I_i)$	$VAR(I_i)$	$Z(I_i)$	G_i^*	$E(G_i^*)$	$VAR(G_i^*)$	$Z(G_i^*)$
通运村	0.533	−0.008	1.626	0.425	0.991	0.992	0.000 00	−0.345
旌阳社区	0.366	−0.024	4.878	0.177	0.977	0.976	0.000 01	0.403
斜泾村	0.175	−0.024	4.878	0.090	0.976	0.976	0.000 01	−0.062
小桥村	−2.297	−0.028	5.691	−0.951	0.976	0.972	0.000 01	1.124
施元村	−0.073	−0.024	4.878	−0.022	0.976	0.976	0.000 01	−0.055
戴庄村	0.427	−0.012	2.439	0.281	0.990	0.988	0.000 00	0.876
曙光村	1.453	−0.024	4.878	0.669	0.979	0.976	0.000 01	0.982
谢北村	4.332	−0.024	4.878	1.972	0.971	0.976	0.000 01	−1.533
花果村	0.070	−0.028	5.691	0.041	0.972	0.972	0.000 01	0.061
谢园村	1.837	−0.028	5.691	0.782	0.970	0.972	0.000 01	−0.676
谢南村	0.252	−0.016	3.252	0.149	0.984	0.984	0.000 01	0.217
工农村	5.001	−0.020	4.065	2.490	0.974	0.980	0.000 01	−1.938
花北村	2.377	−0.020	4.065	1.189	0.975	0.980	0.000 01	−1.790
何巷	1.930	−0.024	4.878	0.885	0.972	0.976	0.000 01	−1.173
塘头桥村	1.338	−0.020	4.065	0.674	0.983	0.980	0.000 01	0.933
胜 利	1.977	−0.024	4.878	0.906	0.979	0.976	0.000 01	1.008
邓阳村	1.331	−0.020	4.065	0.670	0.983	0.980	0.000 01	0.997

城　镇	I_i	$E(I_i)$	$VAR(I_i)$	$Z(I_i)$	G_i^*	$E(G_i^*)$	$VAR(G_i^*)$	$Z(G_i^*)$
立新村	3.849	−0.020	4.065	1.919	0.975	0.980	0.000 01	−1.712
北渚村	0.987	−0.016	3.252	0.556	0.986	0.984	0.000 01	0.921
普照村	1.034	−0.020	4.065	0.523	0.982	0.980	0.000 01	0.729
悟空村	2.150	−0.024	4.878	0.984	0.980	0.976	0.000 01	1.295
先锋村	6.691	−0.020	4.065	3.329	0.974	0.980	0.000 01	−1.970
皮弄村	2.320	−0.028	5.691	0.984	0.968	0.972	0.000 01	−1.047
蒲桥村	2.897	−0.024	4.878	1.323	0.973	0.976	0.000 01	−0.840
宏岐村	1.740	−0.024	4.878	0.799	0.980	0.976	0.000 01	1.271
革新村	4.105	−0.028	5.691	1.733	0.965	0.972	0.000 01	−1.911
阳庄村	1.246	−0.020	4.065	0.628	0.983	0.980	0.000 01	1.017
花　山	0.168	−0.028	5.691	0.082	0.971	0.972	0.000 01	−0.209
钓岐村	0.619	−0.024	4.878	0.291	0.977	0.976	0.000 01	0.453
南苑村	4.298	−0.036	7.316	1.602	0.968	0.964	0.000 02	0.994
哨岐村	1.528	−0.020	4.065	0.768	0.983	0.980	0.000 01	1.249
新华村	0.182	−0.028	5.691	0.088	0.971	0.972	0.000 01	−0.182
绮山村	1.001	−0.024	4.878	0.464	0.973	0.976	0.000 01	−0.890
金凤村	1.729	−0.028	5.691	0.737	0.976	0.972	0.000 01	1.145

城镇	I_i	$E(I_i)$	$VAR(I_i)$	$Z(I_i)$	G_i^*	$E(G_i^*)$	$VAR(G_i^*)$	$Z(G_i^*)$
贯庄村	0.028	−0.024	4.878	0.023	0.976	0.976	0.000 01	−0.018
余城	−0.390	−0.020	4.065	−0.184	0.981	0.980	0.000 01	0.472
金童	1.545	−0.032	6.504	0.618	0.971	0.968	0.000 01	0.775
云亭	0.000	−0.024	4.878	0.011	0.976	0.976	0.000 01	0.070
长山社区	1.606	−0.020	4.065	0.807	0.983	0.980	0.000 01	1.133
皋岸村	1.726	−0.028	5.691	0.735	0.976	0.972	0.000 01	1.145
任九房村	0.710	−0.012	2.439	0.463	0.990	0.988	0.000 00	0.782
团结	0.238	−0.020	4.065	0.128	0.980	0.980	0.000 01	0.145
敔山	−0.258	−0.028	5.691	−0.096	0.971	0.972	0.000 01	−0.313
红星村	1.894	−0.032	6.504	0.755	0.972	0.968	0.000 01	1.151
红岩	1.126	−0.012	2.439	0.729	0.990	0.988	0.000 00	0.922
东宏村	0.117	−0.024	4.878	0.064	0.976	0.976	0.000 01	0.089
马镇村	1.099	−0.016	3.252	0.619	0.986	0.984	0.000 01	1.025
上东村	1.526	−0.028	5.691	0.652	0.975	0.972	0.000 01	1.010
璜塘村	1.657	−0.028	5.691	0.707	0.976	0.972	0.000 01	1.097
毗山	0.122	−0.028	5.691	0.063	0.971	0.972	0.000 01	−0.121
方园村	2.053	−0.028	5.691	0.872	0.977	0.972	0.000 01	1.362

城 镇	I_i	$E(I_i)$	$VAR(I_i)$	$Z(I_i)$	G_i^*	$E(G_i^*)$	$VAR(G_i^*)$	$Z(G_i^*)$
山观社区	-1.310	-0.020	4.065	-0.640	0.983	0.980	0.000 01	1.145
勇 峰	0.986	-0.020	4.065	0.499	0.982	0.980	0.000 01	0.883
石 牌	1.085	-0.016	3.252	0.611	0.986	0.984	0.000 01	0.999
湖塘村	1.292	-0.020	4.065	0.651	0.983	0.980	0.000 01	1.054
新颀毛村	0.931	-0.024	4.878	0.433	0.978	0.976	0.000 01	0.680
山 源	3.065	-0.036	7.316	1.146	0.968	0.964	0.000 02	1.027
云 新	-0.306	-0.012	2.439	-0.188	0.987	0.988	0.000 00	-0.221
寿 山	1.461	-0.028	5.691	0.624	0.975	0.972	0.000 01	0.798
璜东村	0.919	-0.020	4.065	0.466	0.982	0.980	0.000 01	0.750
杨 宫	1.087	-0.016	3.252	0.612	0.987	0.984	0.000 01	1.250
任 桥	1.664	-0.012	2.439	1.073	0.990	0.988	0.000 00	0.882
长南村	-0.022	-0.032	6.504	0.004	0.967	0.968	0.000 01	-0.137
长 寿	0.073	-0.028	5.691	0.043	0.971	0.972	0.000 01	-0.294
富 顺	1.028	-0.024	4.878	0.476	0.979	0.976	0.000 01	0.923
朝 阳	0.519	-0.024	4.878	0.246	0.977	0.976	0.000 01	0.376
金 庄	0.672	-0.024	4.878	0.315	0.978	0.976	0.000 01	0.624
香 山	0.327	-0.008	1.626	0.262	0.994	0.992	0.000 00	0.947

城 镇	I_i	$E(I_i)$	$VAR(I_i)$	$Z(I_i)$	G_i^*	$E(G_i^*)$	$VAR(G_i^*)$	$Z(G_i^*)$
周 西	1.848	−0.020	4.065	0.927	0.976	0.980	0.000 01	−1.249
洪 流	0.502	−0.012	2.439	0.329	0.989	0.988	0.000 00	0.709
石 堰	0.757	−0.020	4.065	0.385	0.982	0.980	0.000 01	0.726
五福村	1.180	−0.016	3.252	0.663	0.986	0.984	0.000 01	0.672
文 林	0.195	−0.016	3.252	0.117	0.986	0.984	0.000 01	0.825
覆 山	−0.113	−0.020	4.065	−0.046	0.979	0.980	0.000 01	−0.184
华 宏	2.631	−0.020	4.065	1.315	0.976	0.980	0.000 01	−1.276
长乐村	1.924	−0.024	4.878	0.882	0.974	0.976	0.000 01	−0.750
宗言村	1.092	−0.024	4.878	0.505	0.973	0.976	0.000 01	−0.991
东 林	−0.004	−0.012	2.439	0.005	0.988	0.988	0.000 00	−0.188
北 湾	0.460	−0.024	4.878	0.219	0.978	0.976	0.000 01	0.526
三房巷	6.627	−0.036	7.316	2.463	0.958	0.964	0.000 02	−1.429
建 南	0.410	−0.024	4.878	0.196	0.978	0.976	0.000 01	0.564
景 阳	0.101	−0.020	4.065	0.060	0.982	0.980	0.000 01	0.590
茂 龙	−0.359	−0.028	5.691	−0.139	0.971	0.972	0.000 01	−0.300
周 庄	2.297	−0.032	6.504	0.913	0.965	0.968	0.000 01	−0.726
鸡笼山	5.979	−0.024	4.878	2.718	0.967	0.976	0.000 01	−2.986

城 镇	I_i	$E(I_i)$	$VAR(I_i)$	$Z(I_i)$	G_i^*	$E(G_i^*)$	$VAR(G_i^*)$	$Z(G_i^*)$
陆 桥	0.091	−0.028	5.691	0.050	0.972	0.972	0.000 01	−0.049
山泉村	18.223	−0.020	4.065	9.048	0.962	0.980	0.000 01	−7.974
河 湘	0.759	−0.020	4.065	0.387	0.983	0.980	0.000 01	0.944
华西三	15.040	−0.028	5.691	6.316	0.956	0.972	0.000 01	−5.642
永 平	0.190	−0.024	4.878	0.097	0.976	0.976	0.000 01	0.160
华西五	1.948	−0.024	4.878	0.893	0.972	0.976	0.000 01	−1.137
陶 城	0.219	−0.016	3.252	0.130	0.983	0.984	0.000 01	−0.484
蔡 桥	1.898	−0.012	2.439	1.223	0.990	0.988	0.000 00	0.975
华 西	72.511	−0.020	4.065	35.974	0.972	0.980	0.000 01	−3.654
向 阳	39.309	−0.016	3.252	21.807	0.969	0.984	0.000 00	−7.410.
王 家	3.305	−0.024	4.878	1.507	0.980	0.976	0.000 01	1.285
华西二	14.478	−0.028	5.691	6.081	0.955	0.972	0.000 01	−5.782
永 昌	−0.025	−0.028	5.691	0.001	0.975	0.972	0.000 01	1.004
华西十二	−0.044	−0.020	4.065	−0.012	0.978	0.980	0.000 01	−0.638
华西一	20.635	−0.036	7.316	7.642	0.941	0.964	0.000 01	−6.794
华西六	−0.500	−0.016	3.252	−0.268	0.981	0.984	0.000 01	−1.050
河 塘	1.727	−0.016	3.252	0.966	0.987	0.984	0.000 01	1.375

城 镇	I_i	$E(I_i)$	$VAR(I_i)$	$Z(I_i)$	G_i^*	$E(G_i^*)$	$VAR(G_i^*)$	$Z(G_i^*)$
陆 丰	2.126	−0.024	4.878	0.974	0.973	0.976	0.000 01	−1.066
华西八	−0.162	−0.016	3.252	−0.081	0.983	0.984	0.000 01	−0.293
华西七	−0.398	−0.020	4.065	−0.187	0.979	0.980	0.000 01	−0.428
陆 南	−0.224	−0.020	4.065	−0.101	0.981	0.980	0.000 01	0.348
勤 丰	1.767	−0.024	4.878	0.811	0.971	0.976	0.000 01	−1.422
华 土	12.425	−0.024	4.878	5.636	0.971	0.976	0.000 01	−1.520
陆 新	−0.007	−0.016	3.252	0.005	0.985	0.984	0.000 01	0.389
龙 砂	3.070	−0.024	4.878	1.401	0.971	0.976	0.000 01	−1.481
和 平	0.633	−0.032	6.504	0.261	0.969	0.968	0.000 01	0.173
华西九	−0.121	−0.020	4.065	−0.050	0.979	0.980	0.000 01	−0.372
华 益	1.028	−0.024	4.878	0.476	0.969	0.976	0.000 01	−2.186
蒲 市	1.261	−0.016	3.252	0.708	0.987	0.984	0.000 01	1.069
红 苗	0.625	−0.024	4.878	0.294	0.974	0.976	0.000 01	−0.649
泾 南	1.927	−0.028	5.691	0.819	0.976	0.972	0.000 01	1.200
刘 桥	−1.153	−0.032	6.504	−0.440	0.966	0.968	0.000 01	−0.452
曙 新	3.603	−0.024	4.878	1.642	0.971	0.976	0.000 01	−1.514
龙 河	2.143	−0.032	6.504	0.853	0.960	0.968	0.000 01	−2.185

城 镇	I_i	$E(I_i)$	$VAR(I_i)$	$Z(I_i)$	G_i^*	$E(G_i^*)$	$VAR(G_i^*)$	$Z(G_i^*)$
华西十	−0.028	−0.008	1.626	−0.015	0.991	0.992	0.000 00	−0.484
泾 东	1.318	−0.020	4.065	0.664	0.982	0.980	0.000 01	0.840
华西十一	0.441	−0.008	1.626	0.352	0.991	0.992	0.000 00	−0.766
黄 河	1.493	−0.020	4.065	0.751	0.977	0.980	0.000 01	−0.934
新 桥	4.318	−0.024	4.878	1.966	0.970	0.976	0.000 01	−1.811
圩 里	1.039	−0.020	4.065	0.525	0.979	0.980	0.000 01	−0.451
苏 圩	1.045	−0.008	1.626	0.826	0.991	0.992	0.000 00	−0.748
马 嘶	2.490	−0.020	4.065	1.245	0.976	0.980	0.000 01	−1.533
苏 墅	1.538	−0.012	2.439	0.992	0.986	0.988	0.000 00	−1.005
雷 下	0.952	−0.024	4.878	0.442	0.975	0.976	0.000 01	−0.352
万 兴	0.399	−0.016	3.252	0.230	0.984	0.984	0.000 01	0.191
鉴 青	2.125	−0.024	4.878	0.973	0.980	0.976	0.000 01	1.152
李家桥	0.675	−0.016	3.252	0.383	0.985	0.984	0.000 01	0.356
解 放	0.951	−0.016	3.252	0.536	0.986	0.984	0.000 01	0.876
顾 山	−0.017	−0.012	2.439	−0.003	0.988	0.988	0.000 00	0.194
澜 南	0.291	−0.024	4.878	0.143	0.976	0.976	0.000 01	0.185
北 澜	1.243	−0.028	5.691	0.533	0.974	0.972	0.000 01	0.614

城镇	I_i	$E(I_i)$	$VAR(I_i)$	$Z(I_i)$	G_i^*	$E(G_i^*)$	$VAR(G_i^*)$	$Z(G_i^*)$
潴东村	-0.830	-0.024	4.878	-0.365	0.979	0.976	0.000 01	0.903
赤岸	0.785	-0.012	2.439	0.510	0.989	0.988	0.000 00	0.585
南曹庄	-0.492	-0.020	4.065	-0.234	0.981	0.980	0.000 01	0.235
新龚	-0.417	-0.024	4.878	-0.178	0.977	0.976	0.000 01	0.219
南潴	-0.471	-0.024	4.878	-0.202	0.979	0.976	0.000 01	1.002
长东	0.917	-0.024	4.878	0.426	0.978	0.976	0.000 01	0.560
习礼	0.635	-0.012	2.439	0.414	0.989	0.988	0.000 00	0.534
东岐	0.563	-0.032	6.504	0.233	0.969	0.968	0.000 01	0.279
滨江村	0.674	-0.028	5.691	0.294	0.969	0.972	0.000 01	-0.727
李沟头村	-0.375	-0.020	4.065	-0.176	0.979	0.980	0.000 01	-0.437
新沟村	-0.601	-0.016	3.252	-0.324	0.982	0.984	0.000 01	-0.780
黄山村	0.105	-0.012	2.439	0.075	0.988	0.988	0.000 00	-0.045
杨市	-2.264	-0.024	4.878	-1.014	0.972	0.976	0.000 01	-1.215
双牌	0.352	-0.024	4.878	0.170	0.977	0.976	0.000 01	0.271
华西十三	0.000	-0.020	4.065	0.010	0.980	0.980	0.000 01	-0.041
许姚	1.209	-0.036	7.316	0.460	0.967	0.964	0.000 02	0.732
心经	0.981	-0.016	3.252	0.553	0.986	0.984	0.000 01	0.817

城　镇	I_i	$E(I_i)$	$VAR(I_i)$	$Z(I_i)$	G_i^*	$E(G_i^*)$	$VAR(G_i^*)$	$Z(G_i^*)$
黎明村	0.789	−0.020	4.065	0.401	0.982	0.980	0.000 01	0.645
定　山	0.149	−0.032	6.504	0.071	0.966	0.968	0.000 01	−0.456
倪家巷	0.985	−0.028	5.691	0.425	0.971	0.972	0.000 01	−0.335
华　中	6.177	−0.020	4.065	3.074	0.974	0.980	0.000 01	−2.230
华西四	−1.233	−0.012	2.439	−0.782	0.984	0.988	0.000 00	−1.715
兴利社区	0.095	−0.012	2.439	0.069	0.988	0.988	0.000 00	0.209
延安村	−0.646	−0.024	4.878	−0.282	0.969	0.976	0.000 01	−2.421
郁　桥	1.046	−0.024	4.878	0.485	0.974	0.976	0.000 01	−0.509
金　湾	5.370	−0.028	5.691	2.263	0.965	0.972	0.000 01	−1.834
肖　山	0.689	−0.008	1.626	0.547	0.993	0.992	0.000 00	0.519
江　海	1.000	−0.016	3.252	0.564	0.987	0.984	0.000 01	1.149
东　新	0.553	−0.024	4.878	0.261	0.978	0.976	0.000 01	0.530
里旺里村	0.870	−0.016	3.252	0.491	0.986	0.984	0.000 01	0.839
市　区	4.697	−0.048	9.755	1.519	0.947	0.952	0.000 02	−0.980
霞客村	0.710	−0.012	2.439	0.463	0.990	0.988	0.000 00	0.782
安　全	0.804	−0.012	2.439	0.523	0.990	0.988	0.000 00	1.021
芦塘村	1.144	−0.024	4.878	0.529	0.979	0.976	0.000 01	1.082

内 容 简 介

本书着重研究在 GIS 技术平台的支撑下,应用景观生态学、城镇体系组织结构、空间统计学以及分形等理论和方法于江阴市市域城镇体系规划。研究内容主要分为 4 个部分:

一、基于景观生态学的理论和方法,根据区域景观格局与生态安全格局的分析结果,评价市域生态现状,从而提出保护市域生态系统的建议与措施,为生态建设规划提供技术支撑与参考依据。

二、根据城镇体系组织结构规划的相关理论与模型,基于 GIS 技术平台,应用 GIS 空间数据库,判断城镇体系等级规模结构、评价城镇间职能类型强度、划分空间组合聚集区、综合评价城镇发展条件等城镇体系规划核心内容的实践方法。

三、基于空间统计学理论的空间自相关原理,应用全局和局部自相关系数,分析城镇经济空间关联特征,为城镇体系空间分析提供可视化决策支持。

四、引入城镇体系的分形原理,计算城镇规模的分形维数、空间聚集的分形维数、空间关联维数,评价现状城镇体系规模结构和空间结构的合理性,提出相应的发展对策与规划建议。

各章既有基础理论深入浅出的介绍,又有翔实可靠的数据和清晰的图表说明。

本书适于城市规划、区域规划、人文地理、地理信息系统专业以及相关领域的专业人员阅读参考,也可作为高等院校相关专业的教学参考教材。

图书在版编目(CIP)数据

空间信息技术在城镇体系规划中的应用研究/胡明星,李建编著. —南京:东南大学出版社,2009.11
ISBN 978-7-5641-1882-2

Ⅰ.空… Ⅱ.①胡… ②李… Ⅲ.地理信息系统—应用—城镇—城市规划—研究 Ⅳ.TU984

中国版本图书馆 CIP 数据核字(2009)第 172296 号

东南大学出版社出版发行
(南京四牌楼 2 号 邮编 210096)
出版人:江 汉
网 址:http://press.seu.edu.cn
电子邮箱:press@seu.edu.cn
全国各地新华书店经销 江苏兴化印刷有限责任公司印刷
开本:700 mm×1000 mm 1/16 印张:9.25(黑白) 1(彩色) 字数:184 千
2009 年 11 月第 1 版 2009 年 11 月第 1 次印刷
ISBN 978-7-5641-1882-2
定价:35.00 元

本社图书若有印装质量问题,请直接与读者服务部联系。电话(传真):025-83792328